FORSCHUNGSBERICHT DES LANDES NORDRHEIN-WESTFALEN

Nr. 2930/Fachgruppe Maschinenbau/Verfahrenstechnik

Herausgegeben vom Minister für Wissenschaft und Forschung

Dr.-Ing. Werner Stenkamp
Prof. Dr.-Ing. Ernst Otto Schneidersmann
Lehrstuhl für Maschinenelemente und Fördertechnik
der Ruhr-Universität Bochum

Untersuchung eines Hubwerkes mit
redundanten Komponenten und zweiter
kinematischer Kette zur Erhöhung der
Betriebssicherheit gefährdender Lastbewegungen

Westdeutscher Verlag 1980

CIP-Kurztitelaufnahme der Deutschen Bibliothek

Stenkamp, Werner:
Untersuchung eines Hubwerkes mit redundanten
Komponenten und zweiter kinematischer Kette
zur Erhöhung der Betriebssicherheit gefährden-
der Lastbewegungen / Werner Stenkamp ; Ernst
Otto Schneidersmann. - Opladen : Westdeutscher
Verlag, 1980.

(Forschungsberichte des Landes Nordrhein-
Westfalen ; Nr. 2930 : Fachgruppe Maschi-
nenbau, Verfahrenstechnik)
ISBN-13: 978-3-531-02930-6   e-ISBN-13: 978-3-322-88476-3
DOI: 10.1007/978-3-322-88476-3
NE: Schneidersmann, Ernst Otto:

© 1980 by Westdeutscher Verlag GmbH, Opladen
Gesamtherstellung: Westdeutscher Verlag

ISBN-13: 978-3-531-02930-6

Inhalt

1. Einführung   1

2. Versuchshubwerk   2

3. Begrenzung der Auswirkung von Triebwerkschäden durch eine Sicherheitsbremse   3

4. Begrenzung der Auswirkung von Triebwerkschäden durch eine doppelte Antriebskette (zweite kinematische Kette)   9

5. Zuverlässigkeitstheoretische Betrachtung   13

6. Zusammenfassung   15

7. Literatur   20

8. Anhang (Bild 1 bis 25)   25

1. Einführung

Beim Transport feuerflüssigen Materials oder anderer gefährdender Stoffe handelt es sich um einen Transportvorgang mit erhöhtem Sicherheitsbedürfnis. Hier kann, ebenso wie bei Einziehwerken für Schiffsentlader oder Tagebaugroßgeräten, der Ausfall einer momentenführenden Komponente Vermögensschäden auslösen und zur Gefährdung von Menschenleben führen. So ist der Absturz einer gefüllten Gießpfanne infolge Versagens eines Hubwerkbauteiles zweifellos einer der folgeschwersten Unfälle, die in einem Stahlwerk vorkommen können.

Hubwerke sind Subsysteme, die aus einer großen Zahl verketteter Elemente bestehen. Ihre Zuverlässigkeit und Verfügbarkeit können dadurch erhöht werden, daß einerseits die Ausfallwahrscheinlichkeit der Elemente durch eine verbesserte Bemessung, Konstruktion, Fertigung und Wartung verringert wird und andererseits redundante Glieder eingefügt werden, die bei Eintritt eines Schadens die ausgefallene Funktion übernehmen.

Zur Erhöhung der Betriebssicherheit durch "Redundanz" bieten sich zwei grundlegende Strategien an (Bild 1):

a) Begrenzung der Auswirkung von Triebwerkschäden durch eine Sicherheitsbremse, angeordnet an der Bordwand der Seiltrommel, am Ende der Antriebskette

b) Begrenzung der Auswirkung von Triebwerkschäden durch die Ausbildung des Hubwerkes mit einer doppelten Antriebskette, der sogenannten "zweiten kinematischen Kette".

Hat man dann durch eine induktive Analyse die volle Funktionsfähigkeit einer redundanten Anordnung nachgewiesen, dann kann die Steigerung der Betriebssicherheit mit Methoden der Zuverlässigkeitstheorie prognostiziert werden, wie dies bei der Zuverlässigkeitsbestimmung von Kernkraftwerken und in der Luft und Raumfahrt üblich ist.

2. Versuchshubwerk

Untersuchungen zur Optimierung redundanter Systeme wurden experimentell und theoretisch durchgeführt. Für die experimentellen Arbeiten stand ein Hubwerk mit 200 kN Nennbelastung zur Verfügung (Bild 2).

Legende zu Bild 2:

1. Gleichstrommotor mit Tacho P_N = 7,5 kW, n_N = 1500 min^{-1}
   (Thyristorensteuerung)
2. Bogenzahnkupplung mit Zwischenwelle
3. Betriebsbremse (Doppelbackenbremse)
4. Stirnradgetriebe P_N = 16 kW, n_N = 1500 min^{-1}
   (dreistufig)
5. Drehmomentmeßstelle
6. Seiltrommel
7. Schwungmasse (Drehmassenausgleich)
8. Schrumpfscheibe
9. Stehlager
10. Drehmomentmeßwelle
    bzw. eine besonders zu gestaltende Kupplung
11. Scheibenbremse
12. Schaltkupplung
    (zur Auslösung eines Bruches in jeder Getriebestufe)
13. Winkelgeber (max. 10000 Impulse/Umdrehung)
14. Flaschenzug (i_{Fl} = 6)
15. Gerüst (zur Flaschenzugaufnahme)
16. Last
17. Kraftmeßdose
    (Messung der dynamischen Seilzugkraft)

Die elektrische Einrichtung ist in einem Schaltschrank und in einem Steuerpult angeordnet.

Folgende Meßeinrichtungen und Registriergeräte standen für die Versuchsdurchführung zur Verfügung:

- Getriebeüberwachung
- Kraftaufnehmer, Wegaufnehmer und Drehzahlgeber mit den erforderlichen Meßverstärkern
- digitales Multimeter
- direktschreibender UV-Lichtstrahl Oszillograph

Zwei über Thyristoren geregelte Gleichstrommaschinen, welche mechanisch gekoppelt sind, leiten über zwei spiegelbildlich angeordnete Hubwinden das Drehmoment in die Seiltrommeln. Zwei Doppelbackenbremsen dienen als Betriebsbremse und die Scheibenbremse, angeordnet an der Bordwand der Seiltrommel als Sicherheitsbremse. Mit dem auf der Schadensseite angeordnetem Getriebe kann ein Getriebeschaden in jeder Getriebestufe ausgelöst werden. Im Schadenssimulationsgetriebe (Bild 3) erfolgt die Drehmomentübertragung zwischen den Getriebestufen jeweils von einem Zahnrad auf eine Hohlwelle über ineinandergreifende Planverzahnungen einer elektromagnetisch gehaltenen Schaltkupplung. Das Abschalten des Ringmagneten bewirkt ein schlagartiges Öffnen der Kupplung, der Momentenfluß wird unterbrochen und somit ein Getriebeschaden ausgelöst. Eine am Getriebe angeschlossene digitale Überwachung, welche die Verdrehwinkel der Getriebewellen zueinander überwacht, erkennt den Schaden und aktiviert die Scheibenbremse.

Das hier eingesetzte Überwachungssystem ist ein digitales System (Bild 4). Die Impulsgeber der Getriebeab- und Getriebeantriebswelle erzeugen 10000 Impulse je Umdrehung. Dies erfordert eine Anpassung der Impulse der schneller laufenden Antriebswelle, und zwar in der Art, daß während des normalen Hubbetriebes im Zähler theoretisch die Impulsdifferenz Null ansteht. Das Verdrehflankenspiel der Zahnräder und die elastischen Verformungen der Getriebewellen erzeugen Impulsdifferenzen. Nach Auslösung eines Schadens wird diese mit einem Sicherheitsabstand als Grenzwert eingestellte Impulsdifferenz überschritten und über die Grenzwertüberwachung das Einfallen der Sicherheitsbremse ausgelöst. Die Überwachung jeder Stufe wird schneller aktiv gegenüber einer Überwachung zwischen An- und Abtriebswelle.

3. Begrenzung der Auswirkung von Triebwerkschäden durch eine Sicherheitsbremse

Im ersten Versuchsabschnitt wurde das Zusammenwirken zwischen Getriebeüberwachung und Sicherheitsbremse, bei offener Verbindung zwischen den Seiltrommeln, analysiert.

Bild 5 zeigt den Zeitverlauf einer gemessenen Schadenssimulation. Sie wurde bei Teillast im Hubvorgang bei einer Motordrehzahl n_M = 1200 min^{-1} durch das Öffnen der Schaltkupplung der ersten Getriebestufe ausgelöst. Die Zeitachse verläuft von rechts nach links. Das Abschalten der Kupplung führt zur Zeit t=0 zur Unterbrechung der Momentenführung. Die Drehzahl der Seiltrommel wird durch das Lastmoment auf der Schadensseite zunächst auf Null verzögert, um danach auf ein Vielfaches der Seiltrommelnenndrehzahl im Senksinne anzusteigen, während die Antriebsmaschinen die Nichtschadensseite mit konstanter Drehzahl weiter antreiben. Nach 75 ms erfolgt die Schadenserkennung durch die digitale Überwachung und es wird ein NOT-AUS ausgelöst. Nach 55 ms elektrischer Schaltzeit wird die Magnetkraft, welche die Sicherheitsbremszange offen hält, durch das Abschalten des Elektromagneten abgebaut. Gleichzeitig werden die elektrischen Antriebsmaschinen vom Netz getrennt. Die Sicherheitsbremszange benötigt dann 35 ms, um den Abstand zur Bremsscheibe zu überwinden. Danach verzögert das aufbauende Sicherheitsbremsmoment die Seiltrommeldrehzahl sehr schnell nach Null. Die Betriebsbremsen, mit einer sehr viel größeren Einfallzeit als die Sicherheitsbremse, haben dann nach 665 ms die Nichtschadensseite abgebremst. Der Bewegungsablauf an der Schadens- und Nichtschadensseite führt zu einer Schiefstellung der Last.

Wie die Simulation zeigt, wird der Bewegungsablauf außer vom konstruktiven Aufbau des Hubwerkes, dem Schadensort und Betriebszustand bei Schadensauslösung auch noch wesentlich von der Überwachungszeit, der elektrischen Schaltzeit, der Einfallzeit der Bremszange, dem Aufbau des Sicherheitsbremsmomentes und durch den Einfluß der Betriebsbremsen bestimmt.

Für eine allgemeingültige Behandlung der hier dargestellten Problematik ergab sich folgende Vorgehensweise (Bild 6):

<u>Herleitung</u> der allgemeingültigen kinematischen Gleichungen über Ersatzsysteme für verschiedene Hubwerksysteme bei unterschiedlichen Schadenssituationen (Bild7). Man bekommt somit die Bewegungsgrößen der Rotation und Translation in Abhängigkeit von einer großen Zahl von Hubwerksparametern.

Analyse von geeigneten digitalen und analogen Überwachungssystemen mit dem Ziel, die Überwachungszeit mathematisch zu erfassen.

Experimentelle Ermittlung von Kenngrößen verschiedener Bremszangen (elektromagnetisch, hydraulisch und elektrohydraulisch betätigte) an einem Bremszangen Prüfstand. Es wurde die Einfallzeit der Bremszange und der Aufbau der Anpreßkraft in Abhängigkeit von dominanten Bremszangenparametern ermittelt.

Die Analysenergebnisse münden in ein Berechnungsprogramm zur Simulation von Hubwerksschäden bei Variation der Parameter. Das Berechnungsprogramm liefert als Ergebnis die systemkritischen Größen, das sind die Senkwege und Senkwegdifferenzen und zwar für das Versuchshubwerk bei Teillast und bei Nennlast (200 kN) und für eine ausgeführte Großanlage, einem 3600 kN Gießkranhubwerk.

Bild 8 zeigt einige Ergebnisse bei Teillast aus Berechnung und Messung. Auf der Abzisse ist die Senkwegdifferenz, also die Schiefstellung der Traverse angetragen; die Ordinate gibt an, bei welcher Motordrehzahl der Schaden ausgelöst wurde. Die Kurve ganz links zeigt den berechneten Senkwegverlauf für einen Schaden in der ersten Getriebestufe bei einem eingestellten Grenzwert von 25 Impulsen. Die Kurve ganz rechts gilt für die dritte Getriebestufe bei einer Grenzwerteinstellung von 200 Impulsen. Die entsprechenden Meßwerte sind durch die Symbole Stern und Quadrat gekennzeichnet. Eine Erhöhung des Grenzwertes von 25 auf 200 Impulsen führt bei Schadenssimulationen in der dritten Getriebestufe zu einer erheblichen Zunahme der Senkwegdifferenz. Berechnung und Messung zeigen eine gute Übereinstimmung. Bei Teillast bleiben die Senkwegdifferenzen insgesamt klein.

Für eine Analyse bei Nennlast wird zunächst der Einfallvorgang verschiedener Scheibenbremsen auf das maximale Bremsmoment $T_{Br.M}$ = 3,5 kNm, bezogen auf die Seiltrommelwelle normiert (Bild 9).

Die Umrechnung der Anpreßkraft auf das Bremsmoment erfolgt mit dem wirksamen Reibradius an der Bremsscheibe und einem konstanten Reibwert μ. Das Verhältnis, gebildet aus dem maximalen Bremsmoment und dem statischen Nennmoment, beträgt dann ungefähr 1,4, wobei die dargestellten Kennlinien von einer betriebsmäßig minimal zu realisierbaren Einfallzeit ausgehen. Der Einfluß der elektromagnetisch und hydraulisch lüftenden Bremszange und der Überwachung bei Ausfall der ersten oder dritten Getriebestufe auf die systemkritische Senkwegdifferenz Δx in Abhängigkeit von der Motordrehzahl bei Schadensauslösung ist in Bild 10 dargestellt.

Bei Nennlast des Hubwerkes und der Überwachung des Getriebes zwischen der An- und Abtriebswelle ist der Einfluß der Motordrehzahl relativ klein. Eine geringe Erhöhung der Einfallzeit verbunden mit einem Bremsmomentenaufbau nach einer e-Funktion bewirkt ein Ansteigen der Senkwegdifferenz von 45 bis 50 mm auf 125 bis 155 mm.

Die Überdrehzahlüberwachung, welche bei Überschreitung der Seiltrommelnenndrehzahl im Senksinne um 20% das Einfallen der Sicherheitsbremszange auslöst, zeigt eine größere Abhängigkeit der Senkwegdifferenz von der Motordrehzahl, bedingt durch die kurze Überwachungszeit im Senken und einer großen im Heben, wobei sie im Übertragungsverhalten insgesamt der im Aufbau komplexen Impulsüberwachung nicht nachsteht.

Wo die hydraulisch- und elektromagnetisch lüftenden Bremszangen die Auswirkungen von Triebwerkschäden in einem zulässigen Bereich begrenzen, entstehen bei der Simulation mit der elektrohydraulisch lüftenden Bremszange betrieblich unzulässige Senkwegdifferenzen (Bild 11).

Die Analyse des Versuchshubwerkes zeigt, daß bei geeigneter Wahl redundanter Bauelemente die Auswirkungen von Triebwerkschäden begrenzt werden können. Bedingt durch den Systemaufbau führt der Ausfall einer Komponente immer zu einer Schiefstellung der Traverse bzw. der Last. Maximale Senkwegdifferenzen sind bei Schäden am Ende der kinematischen Kette zu erwarten.

Die Erkenntnisse aus den Messungen und Berechnungen am Versuchshubwerk bilden die Grundlage für die Analyse einer ausgeführten Großanlage, einem Gießkranhubwerk mit einer Nennbelastung von 3600 kN.

Folgende Schadenssituationen wurden an dem 3600 kN Gießkranhubwerk berechnet (Bild 12):

① Ausfall der Motorwelle
④ Ausfall der Ritzelwelle
⑤ Ausfall einer Komponente im Umlaufgetriebe
⑥ Ausfall einer Komponente unmittelbar hinter dem Umlaufgetriebe
⑦ Ausfall der Getriebeabtriebswelle
⑨ Ausfall des Zwischenrades

Ein Ausfall am Schadensort ① bis ⑥ hat, da beide Untersetzungsgetriebe gekoppelt bleiben, keine Schiefstellung der Traverse zur Folge. Es entstehen unkontrollierte Bewegungen mit horizontaler Traverse. Die zulässigen Senkwege werden durch die betrieblichen Randbedingungen festgelegt. Fällt z.B. beim Kokillengießen eine Komponente aus, dann muß die Sicherheitseinrichtung ein Aufsetzen der Gießpfanne auf die Kokille ausschließen. Schäden im Untersetzungsgetriebe, Schadensort Nr. ⑦ und Schadensort Nr. ⑨ führen zu einer Schiefstellung der Traverse.

In Bild 13 ist eine berechnete Schadenssimulation für den Schadensort Nr. ⑦ dargestellt. Die Schadensseite besteht dann aus zwei Flaschenzügen und der Seiltrommel 1 (Bild 12). Alle anderen Bauelemente im Hubwerk bilden dann mit der Seiltrommel 2 die Nichtschadensseite. Die Zeitachse der Simulation verläuft von links nach rechts. Die Nullinien für die Seiltrommeldrehzahlen, Senkwege und Bremsmomente sind entsprechend bezeichnet. Weitere Simulationsdaten sind der Bildbeschriftung zu entnehmen.

Bei Schadensauslösung zur Zeit t=0 drehen beide Seiltrommeln mit gleicher maximaler Betriebsdrehzahl im Hubsinne. Durch den Komponentenausfall wird die Seiltrommel 1 nach Null verzögert, um dann auf ein Vielfaches der Nenndrehzahl im Senksinne anzusteigen. Die Schadenserkennung erfolgt nach 49 ms durch eine digitale Drehwinkelüberwachung. Mit dem Aufbau des Sicherheitsbremsmomentes an Seiltrommel 1 wird die Drehzahl der Seiltrommel 1 bei etwa 900 ms auf Null abgebremst. Die Seiltrommel 2 dreht bis zur Schadenserkennung mit konstanter Drehzahl weiter und wird dann durch das Lastmoment nur geringfügig verzögert. Selbst das an Seiltrommel 2 angreifende Sicherheitsbremsmoment bewirkt nur eine geringe Verzögerungsänderung. Erst mit dem Aufbau der Betriebsbremsmomente bei etwa 850 ms kommt dann auch die Nichtschadensseite schnell zum Stillstand. Die Senkwege der Schadens- und Nichtschadensseite führen zu einer Senkwegdifferenz von 507,8 mm. Der Bewegungsablauf ist 1,114 s nach Schadensauslösung beendet.

Die aus einer Vielzahl von Simulationen berechneten systemkritischen Größen, das sind die Senkwege und die Senkwegdifferenzen, sind in den Bildern 14, 15, 16 und 17 auszugsweise dargestellt.

In Bild 14 ist auf der Abzisse der Senkweg der Last in Abhängigkeit von der Motordrehzahl bei Schadensauslösung für den Schadensort Nr. ①, ④, ⑤ und ⑥ dargestellt, und zwar bei Anwendung der analogen Überdrehzahlüberwachung, die bei Überschreitung der Seiltrommelnenndrehzahl um 20% im Senksinne das Einfallen der Sicherheitsbremse auslöst. Folgende Bremssysteme wurden verwendet: Redundante Trommelbremsen als Betriebsbremsen und hydraulisch lüftende Sicherheitsbremszangen. Maximale Senkwege ergeben sich bei Ausfall der Motorwelle bei niedrigen Motordrehzahlen.

Ersetzt man die redundanten Trommelbremsen durch nicht redundante Scheibenbremsen, dann stellen sich, bedingt durch die Reduzierung der Massenträgheiten am Antrieb, andere Senkwegverläufe ein (Bild 15). Maximale Senkwege werden jetzt am Schadensort Nr. ④ bei maximalen Motordrehzahlen im Hubsinne ausgelöst.

Bild 16 veranschaulicht sehr deutlich, wie durch die Erhöhung
des Grenzwertes der analogen Überdrehzahlüberwachung die Senkwege rasch ansteigen, d.h., das Einfallen der Sicherheitsbremse
wird erst bei Überschreitung der Seiltrommelnenndrehzahl im
Senksinne um 30% oder 50% ausgelöst. Mit der digitalen Überwachung (gestrichelte Linien in Bild 16) können selbst bei
einer Erhöhung des Grenzwertes die maximalen Senkwege auf Werte
zwischen Null und 140 mm begrenzt werden. Die digitale Überwachung zeigt hier deutliche Vorteile gegenüber der analogen
Überdrehzahlüberwachung.

In Bild 17 sind auf der Abzisse die Senkwegdifferenzen aufge-
tragen und zwar für Schäden am Schadensort Nr. ⑦ und Nr. ⑨
bei verschiedenen Brems- und Überwachungssystemen. Von der
maximalen Motordrehzahl im Senken zur maximalen Motordrehzahl
im Heben nehmen die Senkwegdifferenzen stetig zu.
Hier ist bemerkenswert, daß bei sonst gleichen Parametern die
analoge Überdrehzahlüberwachung bei einer Schadensauslösung
im Senken gegenüber der Impulsüberwachung kleinere Senkwegdifferenzen liefert (Vergleich der beiden Kennlinien ganz rechts
im Bild). Im Hubvorgang sind beide Überwachungssysteme nahezu
gleichwertig.

Die Gesamtanalyse zeigt, daß bei Schäden am Ende der Antriebskette vier untersuchte Überwachungssysteme durchaus gleichwertig sind, in allen anderen Schadenssituationen die digitale
Überwachung optimale Ansprechzeiten liefert.

4. Begrenzung der Auswirkung von Triebwerkschäden durch eine doppelte Antriebskette (zweite kinematische Kette)

Wie eingangs erwähnt, kann die Betriebssicherheit auch durch
die Ausbildung des Hubwerkes mit einer doppelten Antriebskette,
der sogenannten "zweiten bzw. doppelten kinematischen Kette",
erhöht werden. Von einer doppelten kinematischen Kette spricht
man, wenn zur Last zwei voneinander unabhängige Antriebsketten
geführt sind. Die momentenführenden Elemente müssen so ausge-
bildet sein, daß bei Ausfall einer Komponente innerhalb der

einen Antriebskette die andere voll tragfähig bleibt. Die
intaktgebliebene Antriebskette hat dann nicht nur die doppelte
Last zu tragen, sondern sie muß auch in der Lage sein, die
während der Momentenumlagerung entstehende dynamische Beanspruchung aufzunehmen (Bild 1).

Die dynamischen Zusatzkräfte und Zusatzmomente, die nach dem
Eintritt eines Schadens auf ein Elemente heißer Redundanz auftreten, wurden für das Versuchshubwerk eingehend untersucht.

Der Einfluß folgender Koppelglieder zwischen den Seiltrommeln
wurde analysiert:

- starre Verbindung durch eine Torsionswelle
- Bogenzahnkupplung mit vergrößertem Verdrehspiel
- elastische Klauenkupplung mit einstellbarem Verdrehspiel
- Sonderkupplung mit Stoßdämpfern in Umfangsrichtung
  (Bild 18).

Die Sonderkupplung soll einerseits eine besonders gedämpfte
Krafteinleitung über hydrodynamische Stoßdämpfer, deren Kraftwirkung mit der Geschwindigkeit wesentlich ansteigt, herbeiführen und andererseits über elastische Gummielemente das Drehmoment abstützen. Durch diese Anordnung können Ausgleichsbewegungen innerhalb des Freigangbereiches ungestört ablaufen,
da eine Verspannung zwischen den Antriebsketten verhindert
werden muß.

Zunächst sei die am Versuchshubwerk (Bild 19) durchgeführte
Schadenssimulation beschrieben. Das Hubwerk befindet sich im
stationären Hub- oder Senkvorgang und das gesamte Lastmoment
teilt sich zu je 50% auf beide Antriebsketten auf. Das Drehmoment der Seiltrommelverbindung T_v ist Null. Durch das Öffnen
einer elektromagnetisch gehaltenen Zahnkupplung im rechten Getriebe wird das Moment T_{M2} nun über die mit mehr oder weniger
Spiel behaftete Seiltrommelverbindung in die intaktgebliebene
Antriebskette eingeleitet. Während der Momentenumlagerung wird
das sich abbauende Moment T_{M2} und die sich aufbauenden Mo-

momente T_v und T_{M1} gemessen. Gleichzeitig wird der Verdrehwinkel der Getriebeabtriebswellen zueinander erfaßt. Auch hier wurde parallel zu den Versuchen eine Berechnung der dynamischen Zusatzbeanspruchungen durchgeführt.

Für die Herleitung der Differentialgleichungen kann ein Hubwerk durch ein schwingfähiges System nachgebildet werden, und zwar bestehend aus einem Mehrmassen-Torsionsschwingersystem, das mit einem Längsschwingersystem gekoppelt ist (Bild 20). Die einzelnen Scheiben des Modells sind durch nichtlineare spielbehaftete Torsionsfedern und Torsionsdämpfer verbunden. Der Längsschwinger besteht aus einer Längsfeder, einem Längsdämpfer, der Flaschenzugübersetzung und der angehängten Last. Aus dem Gleichgewicht der Kräfte und Momente erhält man dann zwei allgemeingültige nichtlineare Differentialgleichungen zweiter Ordnung des Elementes n und zwar für $\ddot{\varphi}_n$ und $\ddot{z}_n$. Dieses Berechnungsmodell kann durch die Herausnahme einzelner Komponenten problemlos auf verschiedene Hubwerksysteme angewendet werden.

Um die Lösung zu vereinfachen, werden zunächst die 2n Differentialgleichungen zweiter Ordnung durch eine sinnvolle Variablensubstitution auf 4 n Differentialgleichungen erster Ordnung reduziert und numerisch unter Anwendung des Runge-Kutta-Verfahrens mit automatischer Schrittweitensteuerung gelöst. Das numerische Lösungsverfahren liefert eine Wertetabelle zur Erzeugung eines Plotterbildes.

Bild 21 zeigt einen Vergleich zwischen Berechnung und Messung für eine Schadensauslösung in der ersten Getriebestufe bei Teillast und der Torsionswelle als Koppelglied zwischen den Seiltrommeln. Die Simulation wurde ausgelöst im Hubvorgang bei 100 min^{-1} am Antrieb. Bei Schadensauslösung zur Zeit t=0 ist das Drehmoment T_v der Seiltrommelverbindung Null, während an den Getriebeabtriebswellen jeweils 50% des Lastmomentes anstehen. Nach Ausfall der ersten Getriebestufe nimmt das Moment auf der Schadensseite ab; die Momente der Verbindungswelle und der intaktgebliebenen Antriebskette steigen mit nahezu gleicher Phasenlage auf einen maximalen Wert an, um dann unter dem Einfluß der Dämpfung in einen neuen quasistatischen Zustand überzugehen. Die systemkritische Größe ist hier das maximale Moment auf der Nichtschadensseite. Die gute Übereinstimmung zwischen Berechnung und Messung ist auf die meßtechnische Erfassung der vorhandenen Kenngrößen wie Federraten, Dämpfungen, Massenträgheiten und dgl. zurückzuführen.

Die dynamische Zusatzbeanspruchung wird durch den Schwingbeiwert ε gekennzeichnet. Er ist definiert als das Verhältnis des maximalen Momentes an der Nichtschadensseite, bezogen auf das statische Moment bei Schadensauslösung.

In Abhängigkeit vom Freigangwinkel φ_K, das ist der freie Verdrehwinkel, den die Kupplungshälfte der Schadensseite nach Schadensauslösung durchläuft, ergeben sich bei Zweidrittel der Nennbelastung und Ausfall der Getriebeabtriebswelle, die in Bild 22 dargestellten Schwingbeiwerte. Alle Schwingbeiwerte steigen über φ_K an. Von der Stoßdämpferkupplung zur Kupplung mit elastischen Gummielementen zur Torsionswelle und zur Bogenzahnkupplung nimmt die Torsionsdämpfung des Koppelgliedes ab und damit der Schwingbeiwert zu. Bleibt die gesamte Systemdämpfung unberücksichtigt, dann ergeben sich erheblich größere Schwingbeiwerte, wie die oberen gestrichelten Kennlinien zeigen.

Für die Versuchsdurchführung wurden im Versuchshubwerk konstruktive Änderungen erforderlich, welche in einem realen Hubwerk nicht gegeben sind. Die Anordnung einer Bremsscheibe an der Seiltrommelbordwand auf der Schadensseite beeinflußt die Verteilung der Massenträgheiten im Hubwerk. Das Schadenssimulationsgetriebe ist gegenüber dem Getriebe der Nichtschadensseite durch erheblich kleinere Federraten gekennzeichnet. Elemente der Drehmomentmessung beanspruchen ganz beachtliche Wellenlängen. Für eine Analyse bei Nennbelastung mit dem Berechnungsmodell wurde daher eine spiegelbildliche Anordnung mit identischen Bauteilen vorausgesetzt. Es zeigt sich dann, daß bei Nennbelastung gegenüber Teillast die Schwingbeiwerte über den Freigangwinkel φ_K erheblich zunehmen (Bild 23). Eine

Reduzierung der Federrate des Koppelgliedes von 250 kNm/rad
auf 10 bzw. eine Erhöhung auf 1000 führt nur zu geringfügigen
Änderungen des Schwingbeiwertes.

Bild 24 dokumentiert noch einmal den Vorteil eines stark
dämpfenden Koppelgliedes bei Schäden am Anfang, insbesondere
aber bei Schäden am Ende der Antriebskette. Zum Vergleich ist
noch der Grenzwert für eine Bogenzahnkupplung eingetragen.

Im Abschnitt 3 und 4 wurden also alle denkbaren Komponenten-
ausfälle mit ihrer Auswirkung auf die Gerätefunktion induktiv
analysiert. Diese Ausfallart und Auswirkungsanalyse muß schon
im Entwurfsstadium durchgeführt werden und deren Ergebnisse
bei der Bemessung und Auslegung Berücksichtigung finden.

Hat man die Funktionsfähigkeit einer redundanten Anordnung
nachgewiesen, dann kann mit Methoden der Zuverlässigkeitstheorie die Steigerung der Betriebssicherheit prognostiziert
werden.

5. Zuverlässigkeitstheoretische Betrachtung

Die Gesetzmäßigkeiten der Wahrscheinlichkeitsrechnung sind
grundlegend für Zuverlässigkeitsuntersuchungen. Das System
kann durch ein mathematisches Modell beschrieben werden, dessen
rechnerische Auswertung letzten Endes eine Abschätzung der Betriebssicherheit, bei Kenntnis der Komponentenzuverlässigkeit
liefert.
Die zuverlässigkeitstheoretische Betrachtung wurde unter fol-
genden Voraussetzungen durchgeführt:

1. Die Bauelemente sind hinsichtlich ihres Ausfalles voneinander unabhängig, d.h., der Ausfall oder das Überleben
   einer bestimmten Einheit haben keinen Einfluß auf die
   Ausfall- oder Überlebenswahrscheinlichkeit der übrigen
   Einheiten der Anordnung.

2. Die Bauelemente haben über einen definierten Zeitraum
   einen konstanten Zuverlässigkeitswert.

Diese Voraussetzungen stellen zwar eine grobe Vereinfachung
dar, dennoch erlaubt die Methode eine erste Abschätzung der
Ausfallwahrscheinlichkeit, welche hier als die Wahrscheinlichkeit für das Eintreten eines Lastabsturzes definiert ist. Die
Vorgehensweise zur Bestimmung der Betriebssicherheit sei an
zwei Beispielen erklärt.

Bild 25 zeigt ein Hubwerk mit redundantem Antrieb, redundanten
Betriebsbremsen und redundanten Drahtseilen zur Last. Durch
den redundanten Antrieb kann die Last z.B. bei Ausfall eines
Motors noch mit halber Geschwindigkeit bewegt werden. Die
redundanten Bauelemente werden durch eine Parallelschaltung
und die nicht redundanten Bauelemente durch eine Serienschaltung im Funktionsblockschaltbild dargestellt. Bleiben zunächst
die Bauelemente 1 bis n unberücksichtigt, dann ist sofort erkennbar, daß die Antriebselemente, beginnend mit dem Ritzel
(Ri.) und endend mit der Seiltrommelkupplung (TK2) nicht durch
Redundanzen abgedeckt sind. Ein Ausfall führt hier zur Unterbrechung der Funktion und daher zum Absturz der Last.

Nach einer Studie des TÜV liegt die Absturzwahrscheinlichkeit
der Last, unter Einbeziehung niedrig beanspruchter Hubwerke,
bei etwa $Q = 10^{-4}/a$. Bei hochbeanspruchten Anlagen können
durchaus Werte von $Q = 10^{-2}/a$ auftreten, d.h. dann, daß bei
100 vergleichbaren Hubwerken pro Jahr ein Lastabsturz erfolgt.
Es kann dann gezeigt werden, daß bei konservativer Vorgabe der
Ausfallwahrscheinlichkeit eines partiell redundant angeordneten
Sicherheitsbremssystems eine Reduzierung der Gesamtausfallwahrscheinlichkeit um drei Zehnerpotenzen zu erwarten ist.

Die Berechnung von Zuverlässigkeitskenngrößen ist hier noch
recht einfach, da übersichtliche Serien- und Parallelanordnungen
vorliegen, welche mit den Gesetzmäßigkeiten der Logik problemlos gelöst werden können.

Erheblich komplexer ist die Problematik bei vermaschten Systemen, wie es das Hubwerk nach Bild 26 zeigt, welches mehrfach in einem deutschen Hüttenwerk ausgeführt wurde.

In einem Gehäuse sind in der Grundstruktur zwei parallele Antriebsketten angeordnet. Bedingt durch die vielen Querverbindungen und Zusammenführungen liegt hier nicht nur eine einfache redundante Anordnung vor. Der Ausfall einer Einheit führt nicht zum Ausfall einer gesamten Antriebskette, sondern es bleiben noch relativ viele Operationspfade erhalten, wie es das "Funktions"-Blockschaltbild verdeutlicht.

Bei konstanten gleichen Komponentenzuverlässigkeiten kann durch eine sukzessive Reduktion zunächst ein vereinfachtes "Funktions"-Blockschaltbild gebildet werden. Jeder Block enthält hier einen Eingangs- und Ausgangsknotenpunkt. Für den mittleren Block ergeben sich z.B. vier Operationspfade vom Eingang zum Ausgang, und zwar über E1F1, E1G1F2, E2G1F1 und E2F2.

Mit der Darstellung der Operationspfade erhält man aus dem vereinfachten "Funktions"-Blockschaltbild das "Zuverlässigkeits"-Blockschaltbild. Aus dem "Zuverlässigkeits"-Blockschaltbild kann problemlos die logische Form der und bzw. oder Verknüpfungen abgelesen werden. Mit einem Rechnerprogramm erfolgt die Berechnung der Multilinearform aus der logischen Form. Die Multilinearform ist die Minimalform des Systems in algebraischer Schreibweise. Mit der Multilinearform kann bei Vorgabe der Komponentenzuverlässigkeit die Betriebssicherheit berechnet werden. Obwohl die Zahl der Komponenten erheblich zugenommen hat, ist auch hier eine Reduzierung der Gesamtausfallwahrscheinlichkeit um zwei bis drei Zehnerpotenzen zu erwarten.

6. Zusammenfassung

Die Analyse redundanter Systeme, hier angewendet auf Hubwerke in fördertechnischen Großgeräten, erfolgte induktiv. Die induktiven Analysen gehen dabei von einem bestimmten Zustand einer Komponente des Systems aus und fragen nach den möglichen Auswirkungen auf das System im Falle eines Ausfalles im System. Gefährliche Zustände innerhalb des technischen

Produktes wurden durch die Analysenmethode identifiziert.
Nach erfolgter Identifizierung wurden Einflußgrößen zur Beseitigung, Begrenzung und Kontrolle dieser Zustände aufgezeigt.
Die Ermittlung der systemkritischen Größen erfolgte an einem
Hubwerks- und Bremszangenprüfstand.

Bei der Begrenzung der Auswirkung von Triebwerkschäden durch
eine Sicherheitsbremse sind zwei Schadenssituationen zu betrachten:

    1. Paralleles Absinken der Last
    2. Schiefstellen der Last

Das Absinken oder das Schiefstellen der Last darf während oder
nach Beendigung des Schadensablaufes betrieblich vorgegebene
Werte nicht überschreiten. Maximale Senkwege sind bei Ausfall
einer Komponente zwischen Antriebsmotor und erster Getriebestufe und bei einem Ausfall der Seiltrommelwelle bzw. Trommelkupplung zu erwarten. Die absoluten Lastwege werden durch den
konstruktiven Aufbau des Hubwerkes, dem verwendeten Überwachungs- und Bremssystem und vom Betriebszustand festgelegt.
Am Beispiel einer ausgeführten Großanlage wurde ausführlich
die Vorgehensweise zur Berechnung der sich einstellenden Bewegungsabläufe nach Ausfall einer Komponente dargestellt. Die
Ergebnisse der Analyse zeigen, daß bei der Wahl geeigneter
Systemelemente der Sicherheitseinrichtung die Auswirkungen
von Triebwerkschäden auf betrieblich zulässige Werte begrenzt
werden. Die Eignung der vorgestellten Systemelemente, deren
Reaktionsverhalten sehr unterschiedlich ist, muß in Verbindung
mit den betrieblichen Anforderungen hinsichtlich der Lastwege
über die Ausfallanalyse erfolgen.

Es bleibt hervorzuheben, daß die Impulsüberwachung, die im
Aufbau zwar erheblich aufwendiger als die analoge Überdrehzahlüberwachung ist, optimale Ansprechzeiten für alle Schadenssituationen liefert. Unzulässige Momentenüberhöhungen aus
der Dynamik der Triebwerke oder als Folge eines Lagerschadens
können durch eine mit hoher Auflösung ausgelegten Impulsüber-

wachung signalisiert werden. Schäden müssen nicht zwangsläufig eine Freifallstellung auslösen, wie z.B. der Ausfall einer Zahnflanke. Vielmehr ist zu erwarten, daß einem Ausfall eine Vorschädigung vorausgeht. Je nach Schädigungsfortschritt kann dann bereits vor Erreichen der Freifallstellung über die Impulsüberwachung das Einfallen der Sicherheitsbremse ausgelöst werden. Das mit fail-safe Verhalten angeordnete Überwachungssystem muß eindeutig die Ursache für eine Auslösung anzeigen, d.h., der Ausfall einer Triebwerkskomponente muß im Gegensatz zu einer Störung im Überwachungssystem entsprechend signalisiert werden. Die mit partieller Redundanz ausgelegte Sicherheitsbremse darf durch unkontrolliertes Einfallen, z.B. ausgelöst durch Stromausfall oder eine Störung im Überwachungssystem, keine unzulässigen dynamischen Zusatzbeanspruchungen verursachen, damit das Prinzip der Unabhängigkeit der Komponenten gewahrt bleibt. Das Bremsmoment der im normalen Betriebsablauf zeitlich verzögert einfallenden Sicherheitsbremse muß von der Betreiberseite durch Bremsprüfungen in regelmäßigen Zeitabständen sichergestellt werden. Durch ein dosiertes Öffnen einzelner Bremszangen wird die Last nach Ausfall einer Komponente abgesetzt.

Bei der Begrenzung der Auswirkung von Triebwerkschäden durch eine aktive Redundanz wurden für Momentenumlagerungen im stationären Hubwerkbetrieb die tatsächlich auftretenden Beanspruchungen im Experiment und in der Berechnung erfaßt. Die Momentenumlagerung kann, bedingt durch den konstruktiven Aufbau einer redundanten Anordnung, über ein mit mehr oder weniger Spiel behaftetes elastisches oder starres Koppelglied ablaufen. In Abhängigkeit vom Freigangwinkel φ_K (Spiel) ergeben sich bei starren Bauelementen ohne eingeprägte Dämpfungen Schwingbeiwerte zwischen $\varepsilon = 3{,}35$ ($\varphi_K = 0$ Grad) und $\varepsilon = 4{,}85$ ($\varphi_K = 1{,}0$ Grad).

Von Vorteil ist die Momentenumlagerung über ein definiertes Koppelglied, z.B. über eine Kupplung mit Dämpferwirkung, angeordnet zwischen den Seiltrommeln. Mit einer nicht optimierten Stoßdämpferkupplung blieb der maximale Schwingbeiwert für eine einmal auftretende Momentenumlagerung immerhin

ε_{max} = 3,1. Dieser Wert liegt in dem Bereich der im instationären Hubbetrieb auftretenden Beanspruchungen, dessen Ursachen mechanischer (Bremsen) oder elektrischer Art sein können, bzw. in der Wechselwirkung beider liegen.

Ein optimiertes dämpfendes Koppelelement wird insbesondere auch bei einer Momentenumlagerung im instationären Betrieb den maximalen Schwingbeiwert auf etwa ε_{max} = 4 begrenzen können.

Bei großen Leistungseinheiten wird häufig durch die Verwendung genormter Triebwerkselemente eine Leistungsverzweigung ausgeführt. Durch die Kopplung der Seiltrommeln erhält man dann mit einem wirtschaftlich vertretbaren Aufwand eine aktive redundante Anordnung. Die Dimensionierung erfolgt mit dem maximalen Schwingbeiwert gegen Bruch.

Durch die Relativbewegung der Kupplungshälften kann im Schadensfalle über einen Endschalter zunächst die Anlage abgeschaltet werden, um dann unter Beachtung sicherheitstechnischer Kriterien den Arbeitsgang abzuschließen. Im Gegensatz zu den Elementen der Sicherheitseinrichtung "Bremse und Überwachung" weisen die Bauelemente in der redundanten Anordnung "zweite kinematische Kette" kein "fail-safe"-Verhalten auf. Um einen gleichzeitigen, durch die gleiche Ursache bedingten Ausfall parallel angeordneter Elemente mit gleicher Funktion auszuschließen, können prinzipiell verschiedene Gerätetypen für die gleiche Aufgabe verwendet werden. Für Hubwerksysteme erscheint diese Vorgehensweise technisch nicht sinnvoll. Es ist vielmehr zu erwarten, daß bei technisch hochentwickelten Bauelementen mehrere Voraussetzungen für einen vorzeitigen Ausfall erfüllt sein müssen und damit die Lebensdauererwartung einer großen Streuung unterliegt. Die Bauelemente sind dann durchaus für Sicherungsaufgaben einsetzbar, zumal nach Ausfall einer Komponente eine sofortige Abschaltung erfolgt.

Die zuverlässigkeitstheoretische Betrachtung zeigt, daß durch eine konsequente Anwendung ingenieurmäßiger Sicherheitsprinzipien die Ausfallwahrscheinlichkeit (Wahrscheinlichkeit

für den Absturz der Last) erheblich reduziert werden kann.
Mit der Zuverlässigkeitsanalyse wurden bei Vorgabe der Ausfallwahrscheinlichkeiten für die Einzelkomponenten die Gesamtausfallwahrscheinlichkeit nach den Gesetzen der Logik ermittelt. Bei konservativen Eingaben der Komponentenzuverlässigkeit kommt man zu einer oberen Abschätzung.

Die Ergebnisse der Analyse müssen bereits bei der Entwicklung, insbesondere bei Anlagen mit hohem Kapitalrisiko und mit hohem Gefährdungspotential, berücksichtigt werden.

Noch ausstehende Untersuchungen über das Ausfallverhalten typischer Bauelemente zur Aufklärung von Ablaufmechanismen (z.B. Ermittlung der Ausfalldichte von typischen Getriebewellen), Datensammlungen aus der Betriebserfahrung sowie eine laufende Überprüfung und Verbesserung der verwendeten Methoden werden hinreichend abgesicherte quantitative Aussagen zulassen.

7. Literaturverzeichnis

[1] Kreyß, G.: Sicherheitstechnische Überwachung von Kranen für den Transport feuerflüssiger Massen, Moderne Unfallverhütung Heft 16, S.73-79, Vulkan-Verlag, Essen

[2] Ostler, J.: Sonderhubwerk für den Transport feuerflüssiger Massen -Konzeption und Betriebserfahrung, Moderne Unfallverhütung Heft 18, S.69-72, Vulkan-Verlag, Essen

[3] Sedlmayer, F.: Unfallsichere Hubwerke für Gießkrane, Fördern und Heben 18 (1968), Nr.14, S.867-873

[4] Bergling, G.: Betriebszuverlässigkeit von Wälzlagern, Kugellager-Zeitschrift Nr.188, Jahrgang 51, SKF Kugellagerfabriken

[5] Willi, J.: Gießkrane, Entwicklung und neue Bauformen, acier-stahl-steel 36 (1971), Nr.12, S.494-499

[6] Willi, J.: "300/75/15 t Gießkrane", acier-stahl-steel, 27(1962), Nr.10, S.433-435

[7] Willi, J.: Die Konstruktionsentwicklung der Hüttenwerkskrane zu Produktionsmaschinen, Maschinenmarkt, Fördermittel in der Technik 72(1966),49, S.13-19

[8] Sedlmayer, F.: Fortschritte im Großkranbau, Fördern und Heben 25(1975), Nr.6

[9] Schneidersmann, E.O.: Fördertechnik Skriptum I u. II, Ruhr-Universität Bochum, Institut für Konstruktionstechnik, 1976

[10] Jarchow, F.: Getriebetechnik Skriptum II, Ruhr-Universität Bochum, Institut für Konstruktionstechnik, 1976

[11] KTA: Sicherheitstechnische Regel des KTA (Kerntechnischer Ausschuß) für Hebezeuge in kerntechnischen Anlagen KTA 3902, Fassung 11/75

[12] Wünsch, D. u. Seeliger, A.: Betriebliche Verspannungsbeanspruchungen in Getrieben mit Mehrmotorenantrieb, Konstruktion 27(1975), S.84-91

[13] Wünsch, D.: Einfluß von Verdrehspiel in drehmomentführenden Wellenleitungen und deren Beanspruchungsverhalten im praktischen Betrieb, Klepzig-Fachbericht 82(1974), Heft9, S.317-320

[14] Seeliger, A.: Untersuchungen zur Beanspruchung von Antriebswellen in Kranhubwerken unter besonderer Berücksichtigung der Motorsteuerung, Diss. TU Berlin 1972

[15] Wünsch, D.: Untersuchungen zur Beanspruchung von Antriebswellen in Kranhubwerken unter besonderer Berücksichtigung von Motorkupplungen, Diss. TU Berlin 1971

[16] Nachtweide, D.: Untersuchungen zur Beanspruchung von Triebwerksbauteilen in Kranhubwerken unter Betriebsbedingungen, Diss. TU Berlin 1974

[17] Trapp, H.J.: Eine rechnerische Prognose der Betriebsfestigkeit von Bauteilen in elastischen, durch Schleifringläufer angetriebenen Systemen, Forsch.-Ber. VDI-Z., Reihe 5, Nr.18

[18] Klotter, K.: Technische Schwingungslehre, Bd.1 und 2, Springer-Verlag

[19] Doetsch, G.: Anleitung zum praktischen Gebrauch der Laplace-Transformation, R. Oldenburg Verlag München 1967

[20] Bronstein, Semendjajewk: Taschenbuch der Mathematik, Verlag Harri Deutsch, Zürich und Frankfurt/M., 1971

[21] Rüdiger, D. u. Kneschke A.: Technische Mechanik Band 3, B.G. Teubner Verlagsgesellschaft Leipzig 1966

[22] Kauderer, H.: Nichtlineare Mechanik, Springer Verlag, Berlin/Göttingen/Heidelberg 1958

[23] Fischer, U. u. Stephan, W.: Prinzipien und Methoden der Dynamik, VEB-Fachbuchverlag Leipzig 1972

[24] Biezeno, C.B. u. Grammel, R.: Technische Dynamik, Zweiter Band, Springer-Verlag, Berlin/Göttingen/Heidelberg 1953

[25] Klein, H.: Die Planetenrad-Umlaufgetriebe, Carl Hanser Verlag München 1962

[26] Roos, H.J.: Ein Beitrag zur Nachrechnung der Hubwerkfunktionen bei Kranen, Der Stahlbau 6/1977

[27] Zurmühl, R.: Praktische Mathematik für Ingenieure und Physiker, Springer-Verlag, Berlin/Heidelberg/New York 1965

[28] Snare, B.: Neuere Erkenntnisse über die Zuverlässigkeit von Wälzlagern, Kugellager-Zeitschrift Nr. 162, Jahrgang 44, SKF Kugellagerfabriken

[29] Bergling, G.: Auswertung von statistischen Unterlagen über Ausfälle bei Radsatzlagern von Eisenbahnfahrzeugen, Kugellager-Zeitschrift Nr. 189, Jahrgang 51, SKF Kugellagerfabriken

[30] Messerschmitt-Bölkow-Blohm: Technische Zuverlässigkeit, Springer-Verlag, Berlin/Heidelberg/New York 1977

[31] Störmer, H.: Mathematische Theorie der Zuverlässigkeit, R.Oldenbourg, München 1970

[32] Griese, F.W.: Steigerung der Verfügbarkeit von Hüttenwerksanlagen unter besonderer Berücksichtigung der Bauteillebensdauer, Stahl und Eisen (1971), 8, S.439-446

[33] TÜV-Leitstelle Kerntechnik: Statistische Untersuchung von Kranen zur Ermittlung der Absturzwahrscheinlichkeit der Last bzw. des Kranes, November 1977, TÜV-Leitstelle Kerntechnik bei der VdTÜV

[34] Gräbner, P. u. Schuszter, M.: Verschleiß und Zuverlässigkeit von Baugruppen ausgewählter Verkehrsbau- und Fördergeräte

[35] Bandelow, C.: Wahrscheinlichkeitstheorie, Studienverlag Dr. N. Brockmeyer, Bochum 1976

[36] Schneeweis, W.: Zuverlässigkeitstheorie, Springer-Verlag, Berlin/Heidelberg/New York 1973

[37] Keller, H.D.: Ein Computerprogramm zur Berechnung der Zuverlässigkeit von Systemen unabhängiger Elemente, Angewandte Informatik 8/73

[38] Lux, S.: Erstellung eines Rechnerprogrammes zur Berechnung von Zuverlässigkeitsdaten komplexer redundanter Systeme, Studienarbeit, Ruhr-Universität Bochum, Institut für Konstruktionstechnik 1977

[39] Enzmann, W.: Ein Algorithmus zur Berechnung von Zuverlässigkeitsdaten komplexer redundanter Systeme, Siemens AG, Bereich Meß- und Prozeßtechnik, Karlsruhe

[40] Schneidersmann, E.O. u. Stenkamp, W.: Redundanz in Triebwerken der Fördertechnik, Fördern und Heben, 27. Jahrgang, Nr. 10, Oktober 1977

[41] Stenkamp, W.: Analyse redundanter Hubwerksysteme, ein Beitrag zur Erhöhung der Betriebssicherheit, Diss. Ruhr-Universität 1979

8. Anhang

- 26 -

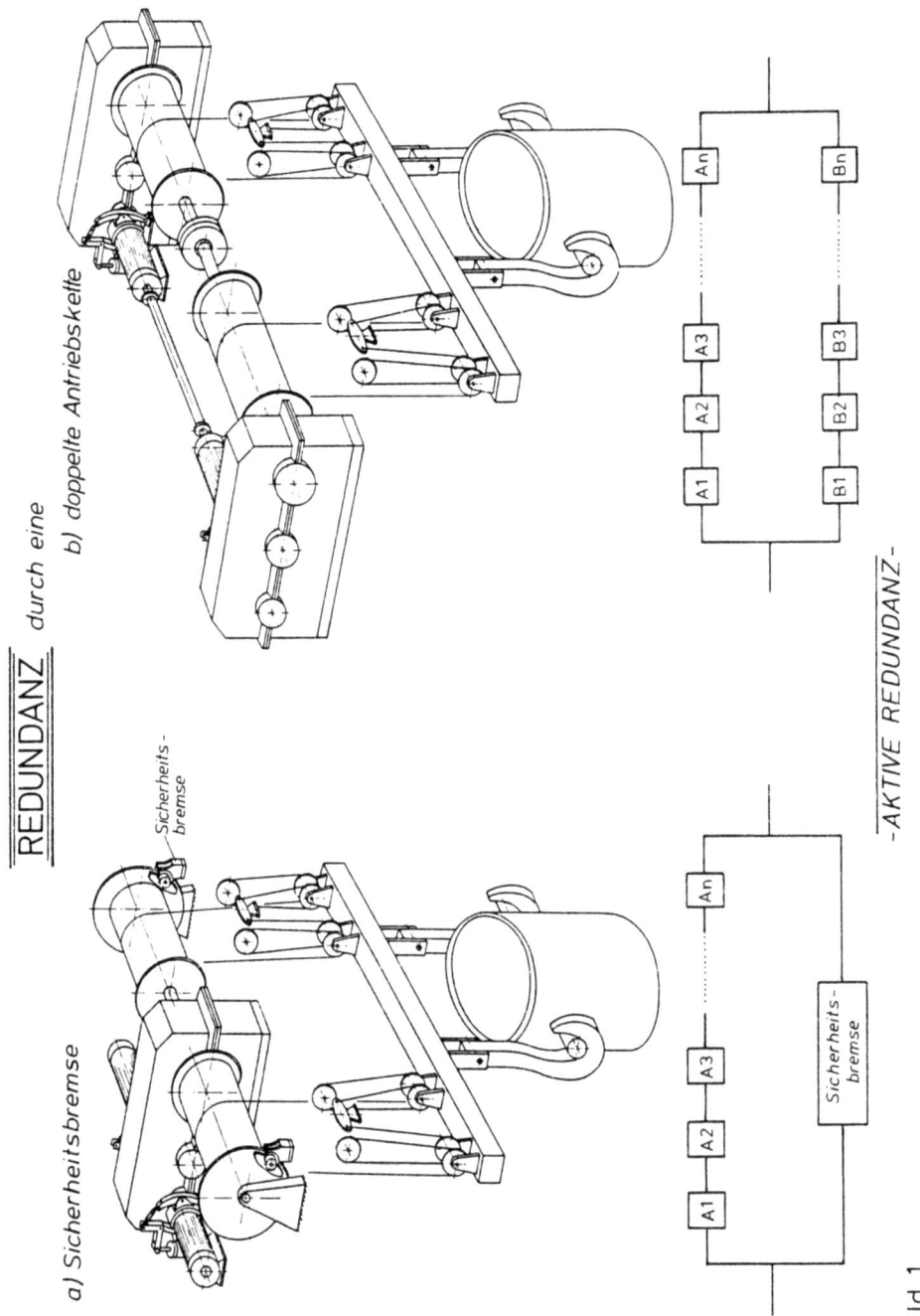

Bild 1

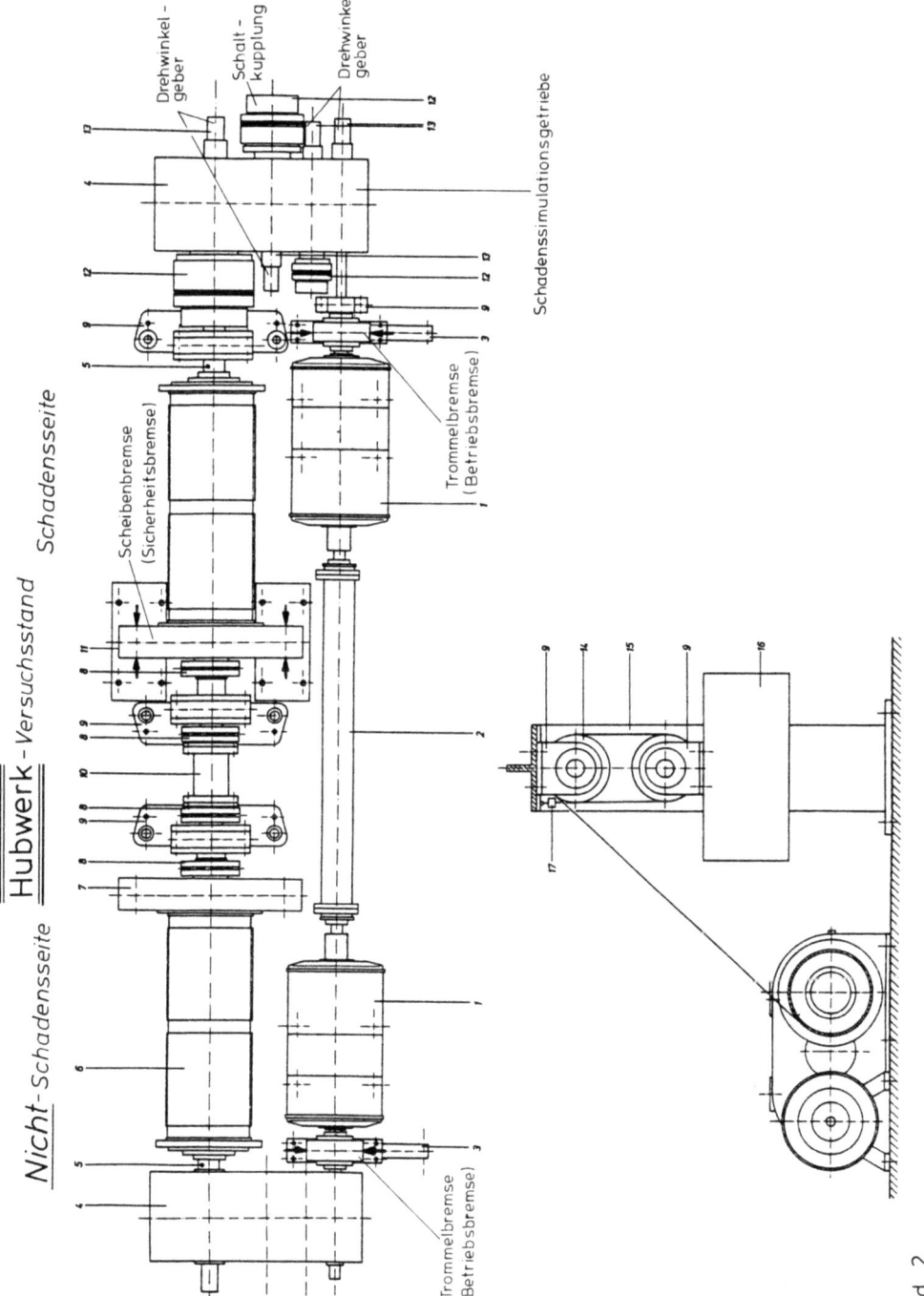

Bild 2

- 28 -

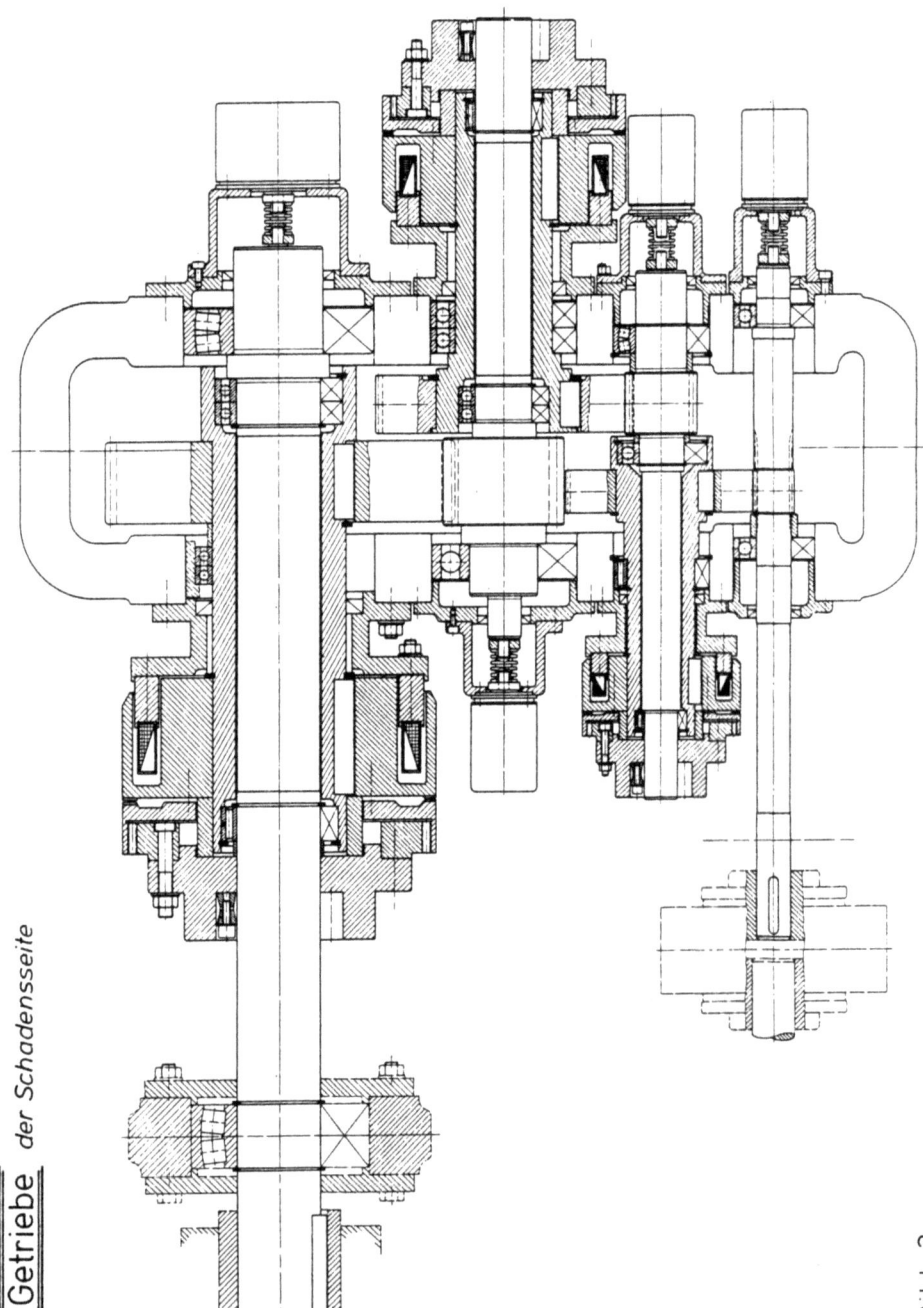

Getriebe *der Schadensseite*

Bild 3

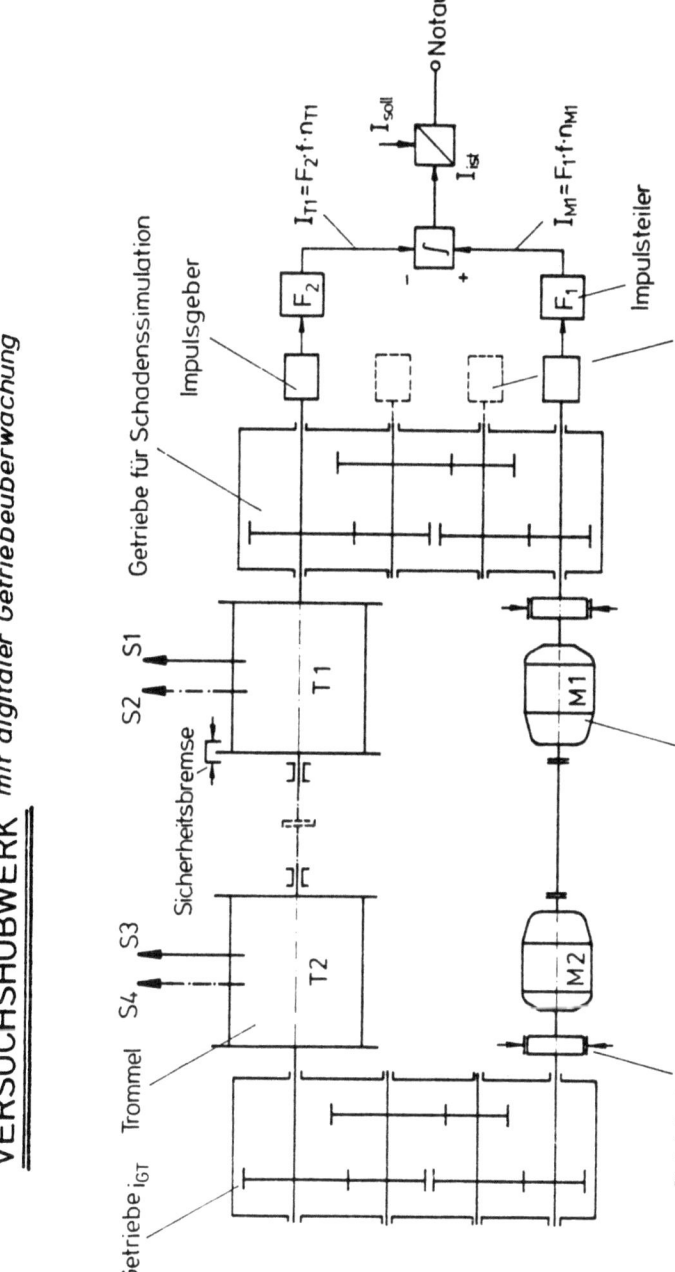

Bild 4

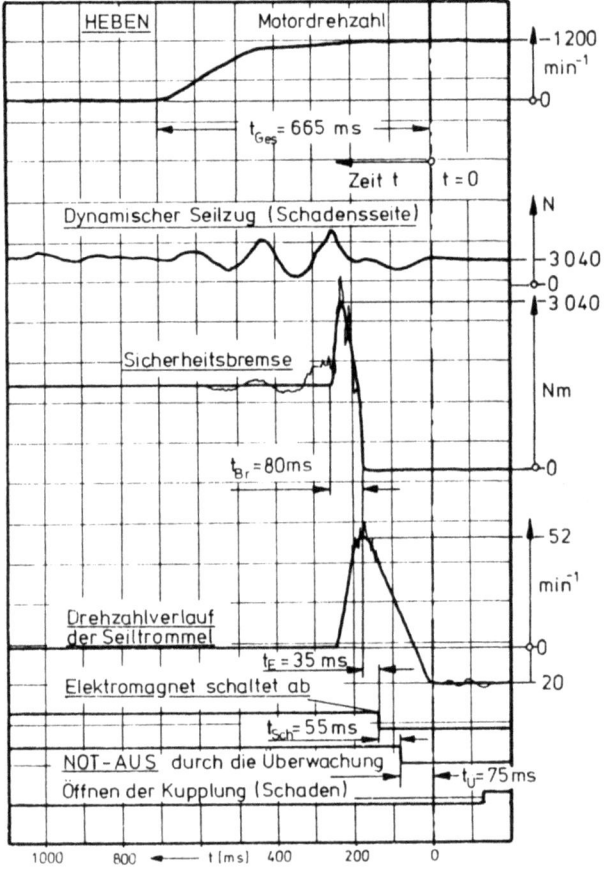

Bild 5

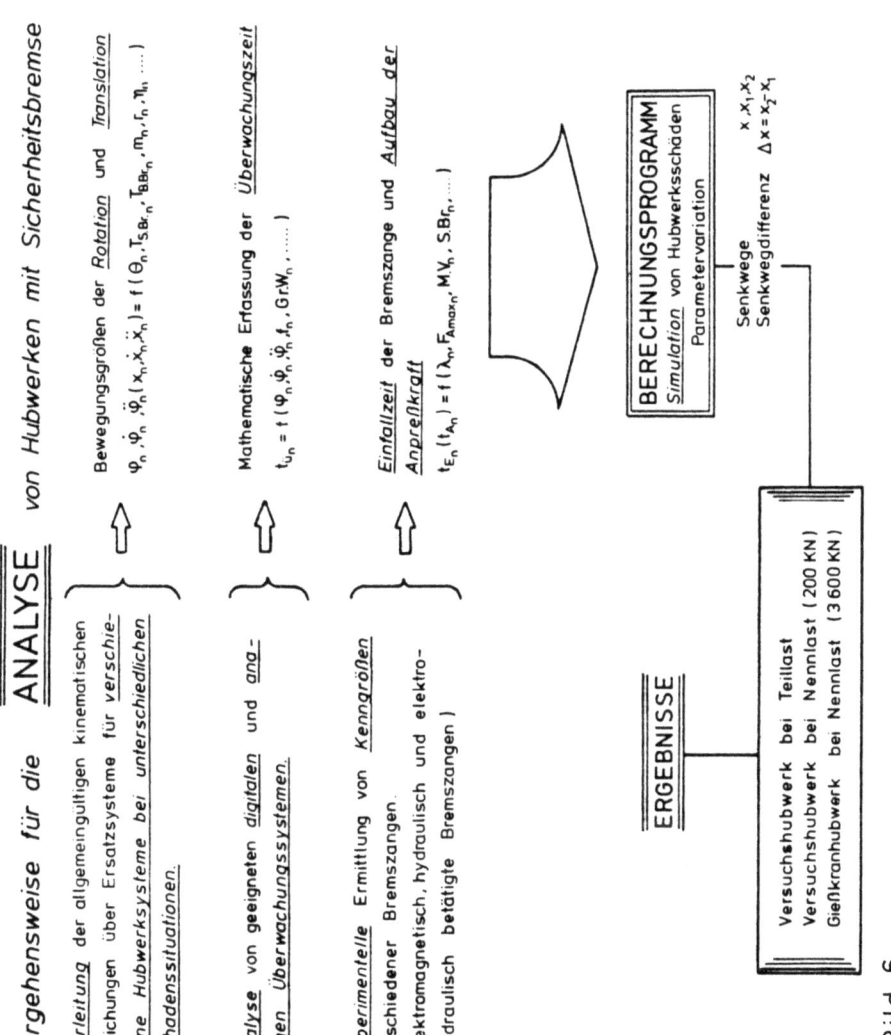

Bild 6

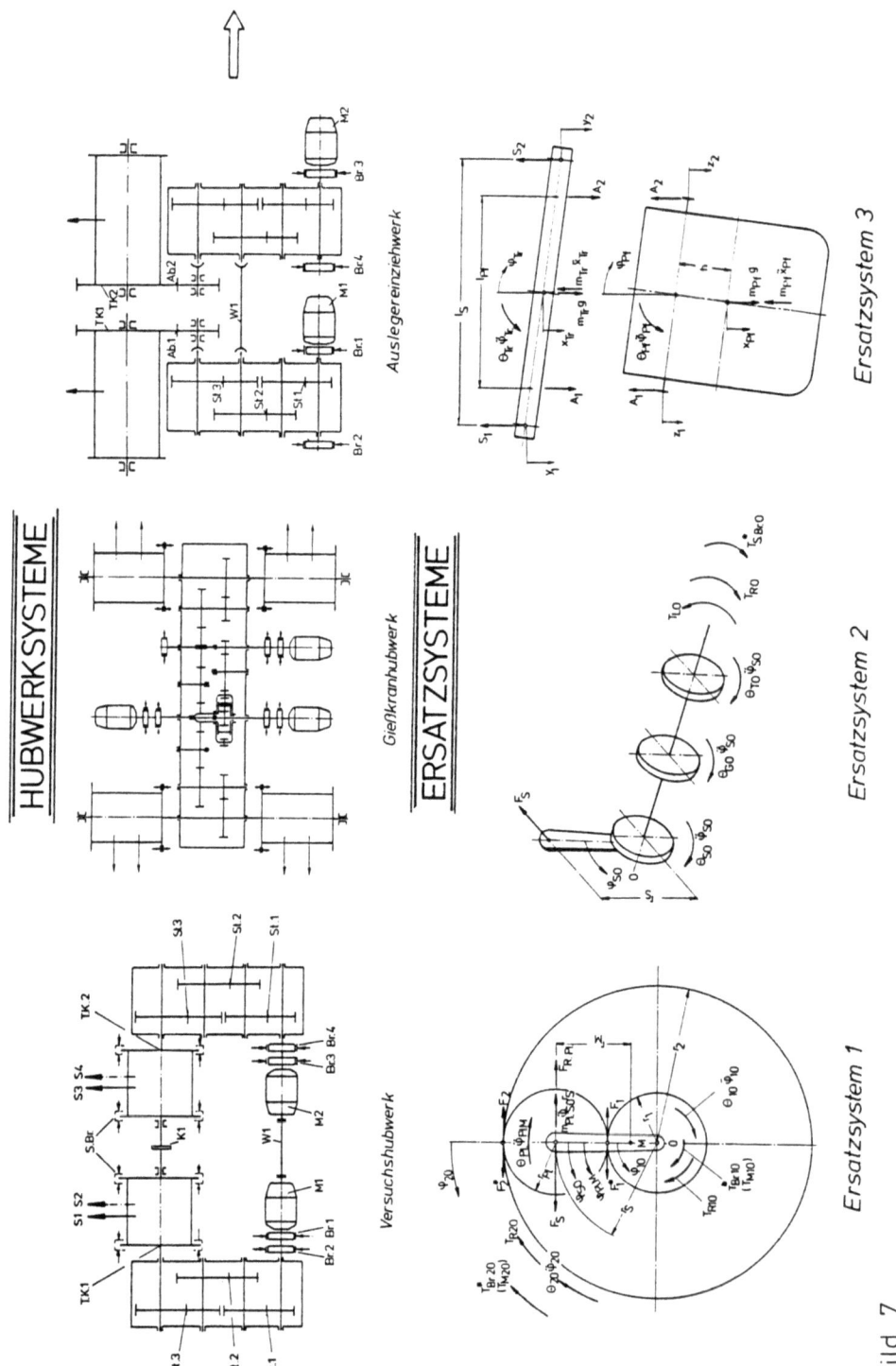

Bild 7

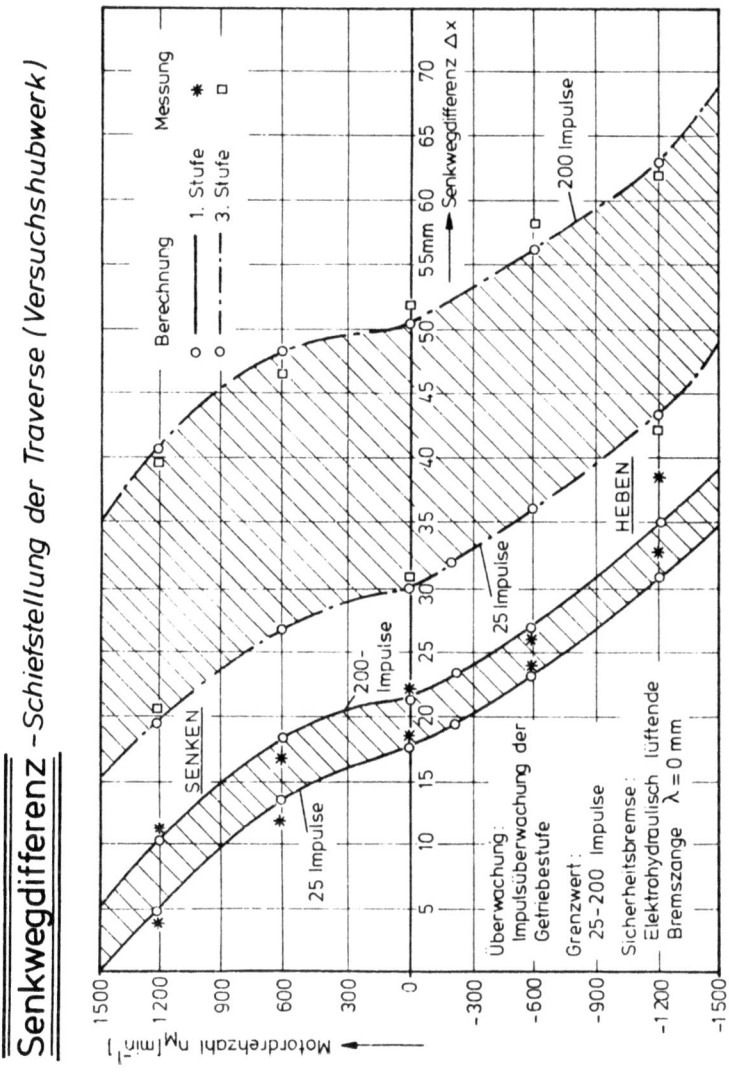

Bild 8   Senkwegdifferenz für das Versuchshubwerk

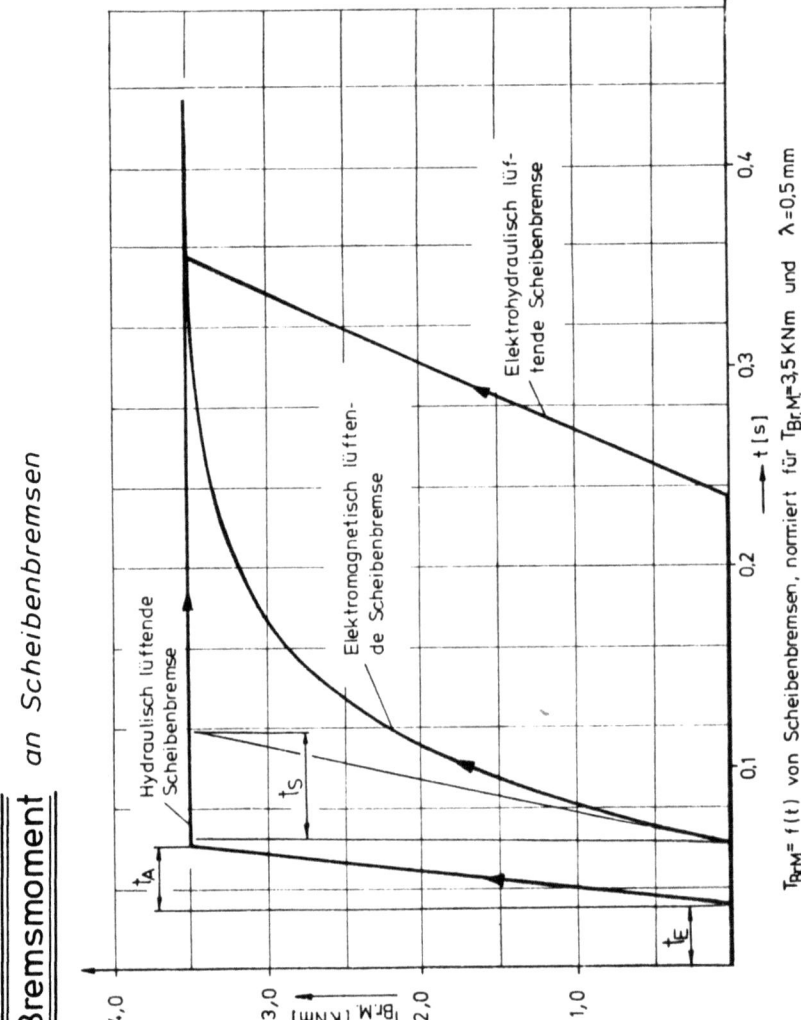

Bild 9

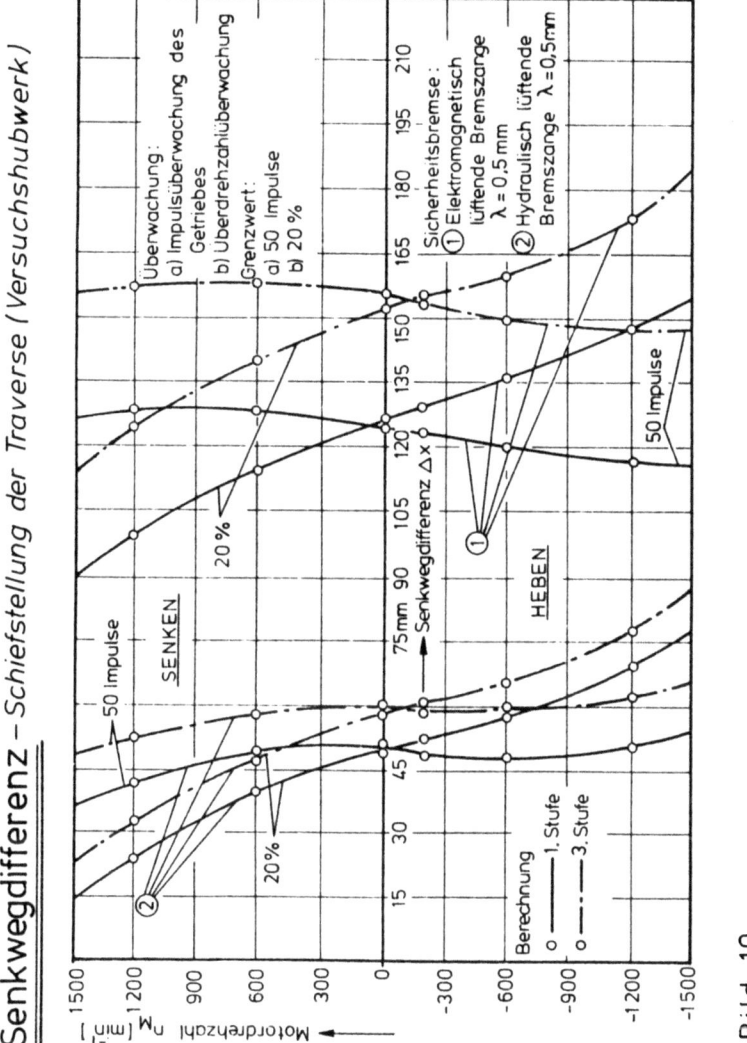

Bild 10

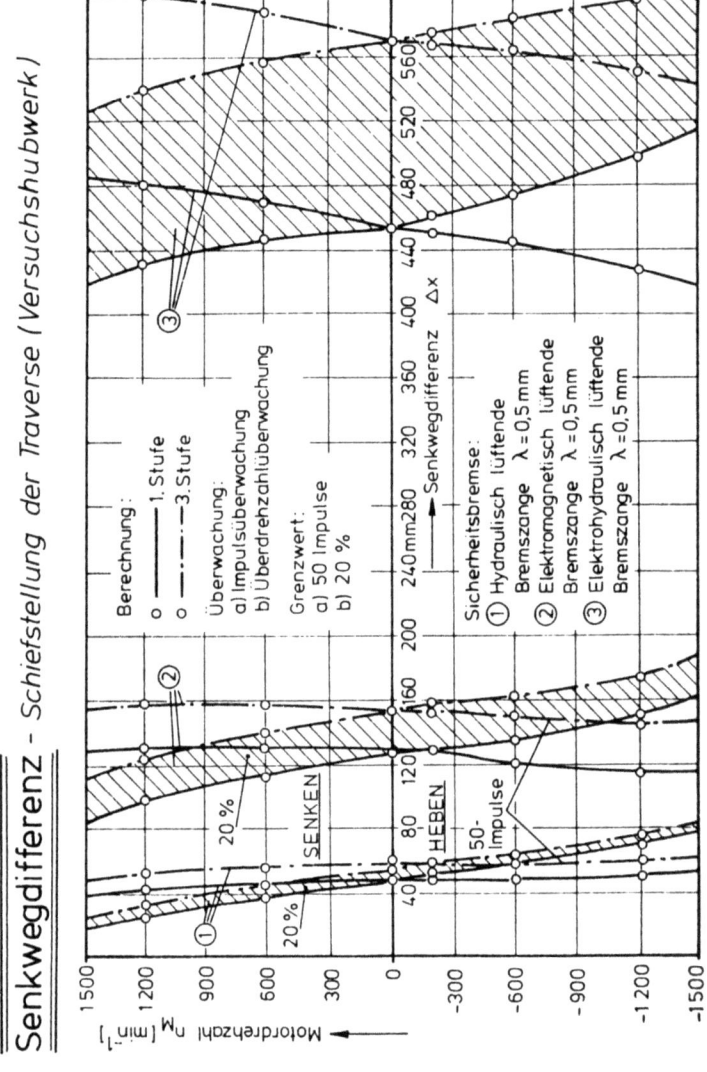

Bild 11

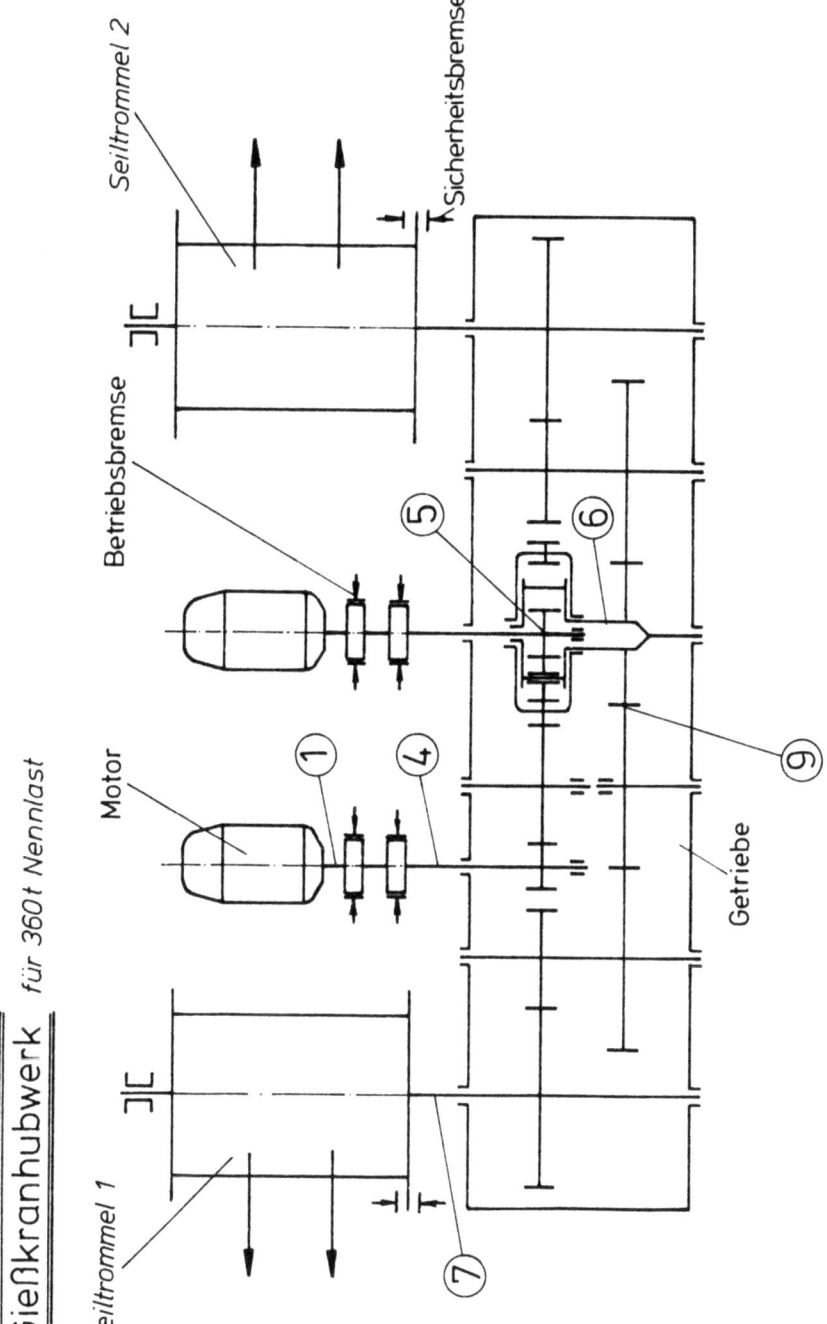

Bild 12

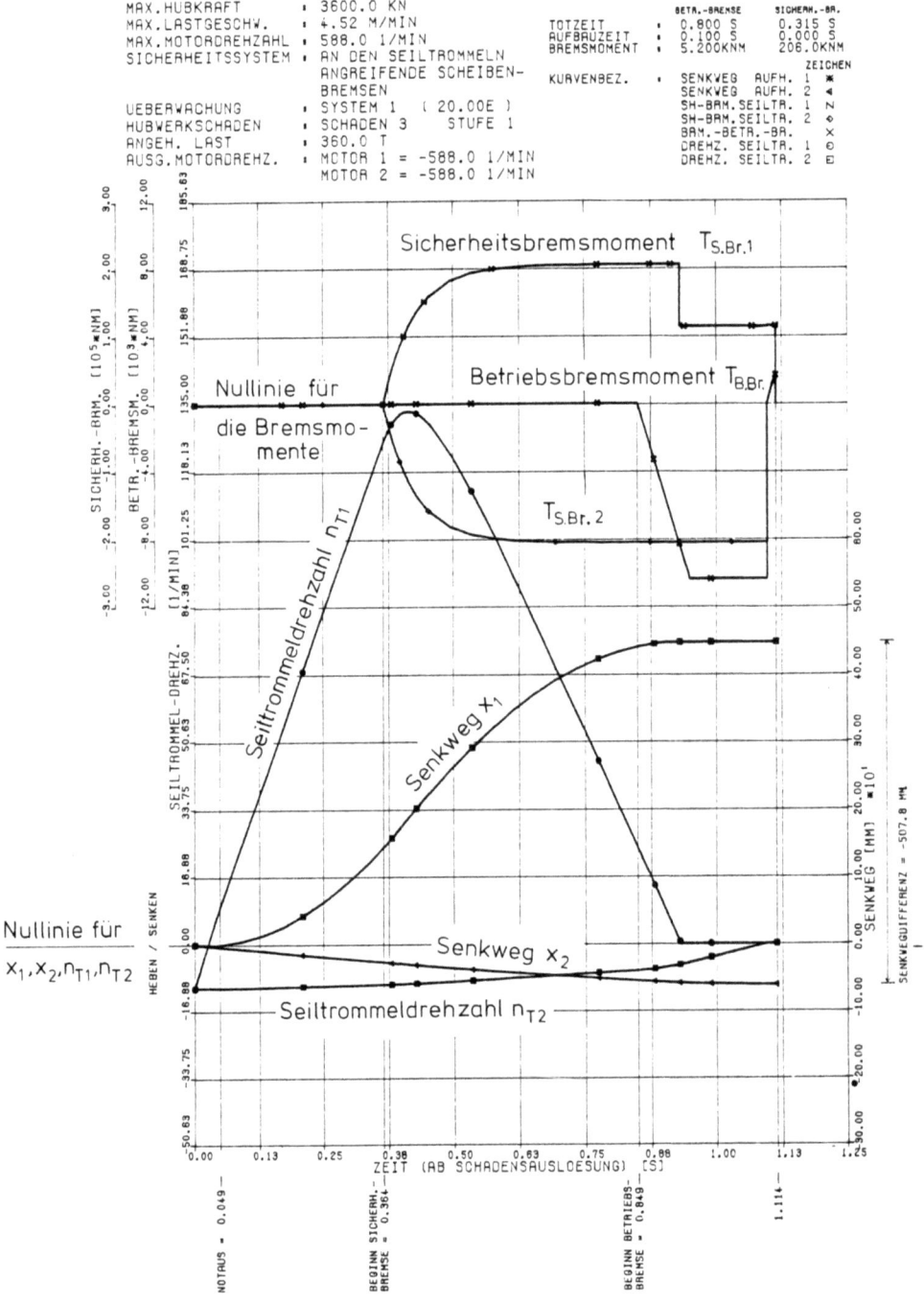

Bild 13

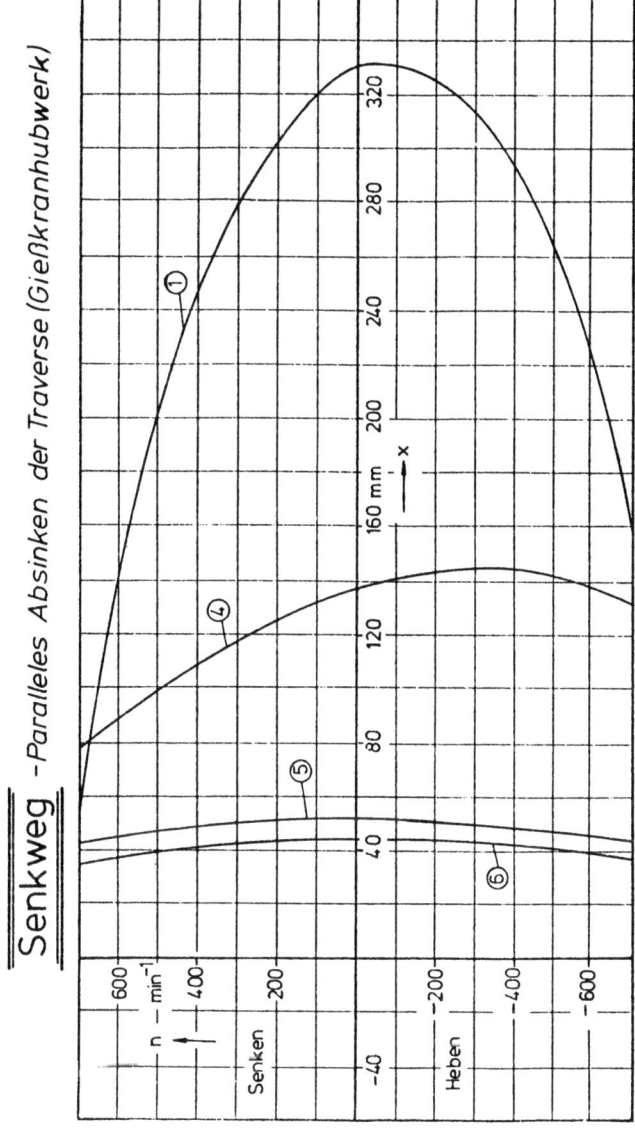

Bild 14

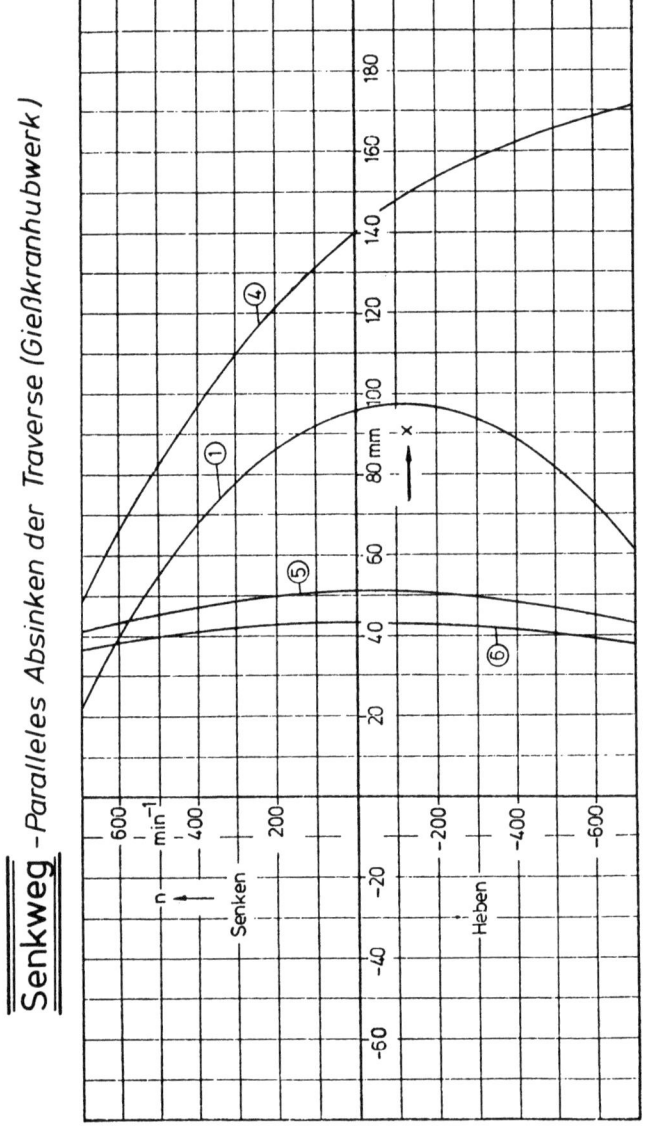

Bild 15: Senkweg für Überwachung System 3 (20%); hydraulisch lüftende Bremszange als Betriebs- und Sicherheitsbremse

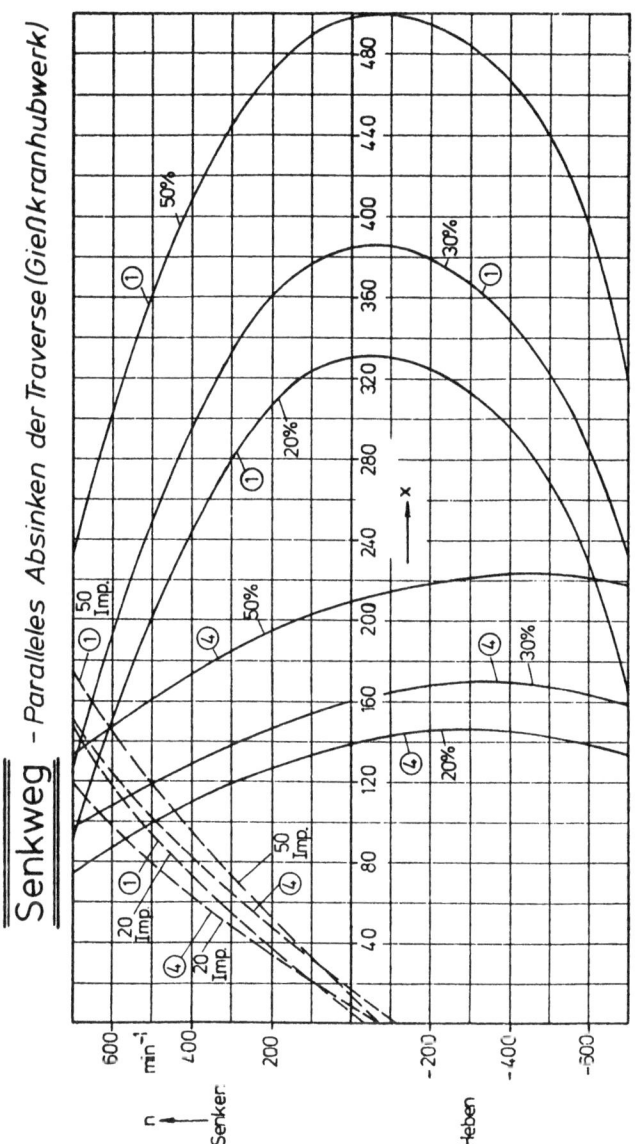

Bild 16

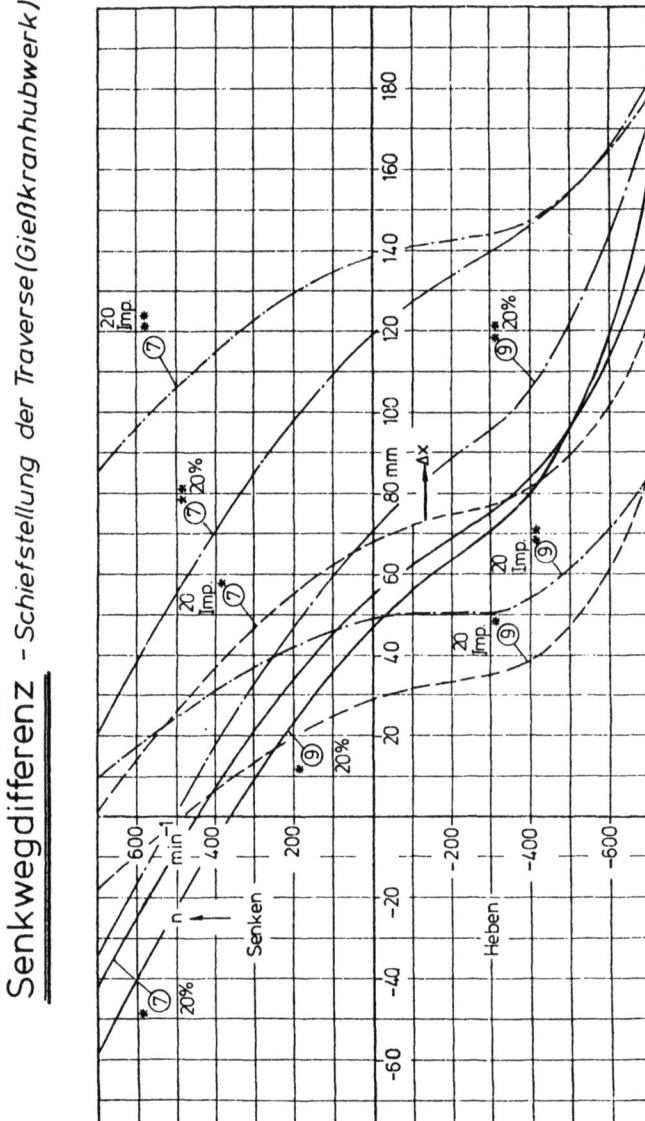

Bild 17

— 43 —

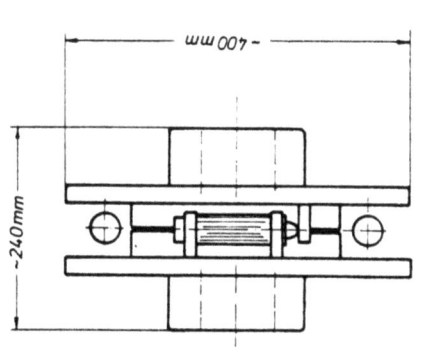
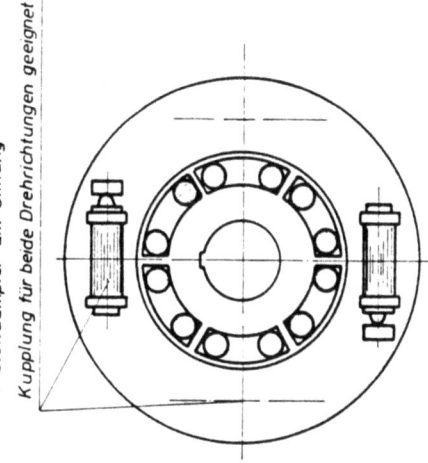

4 Stoßdämpfer am Umfang
Kupplung für beide Drehrichtungen geeignet

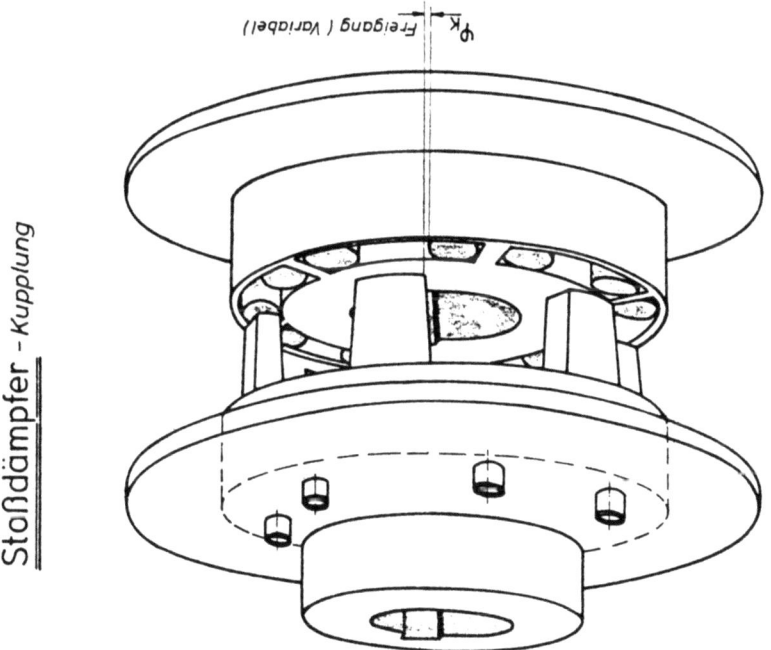

Stoßdämpfer - Kupplung

Freigang (Variabel) φ_k

Bild 18

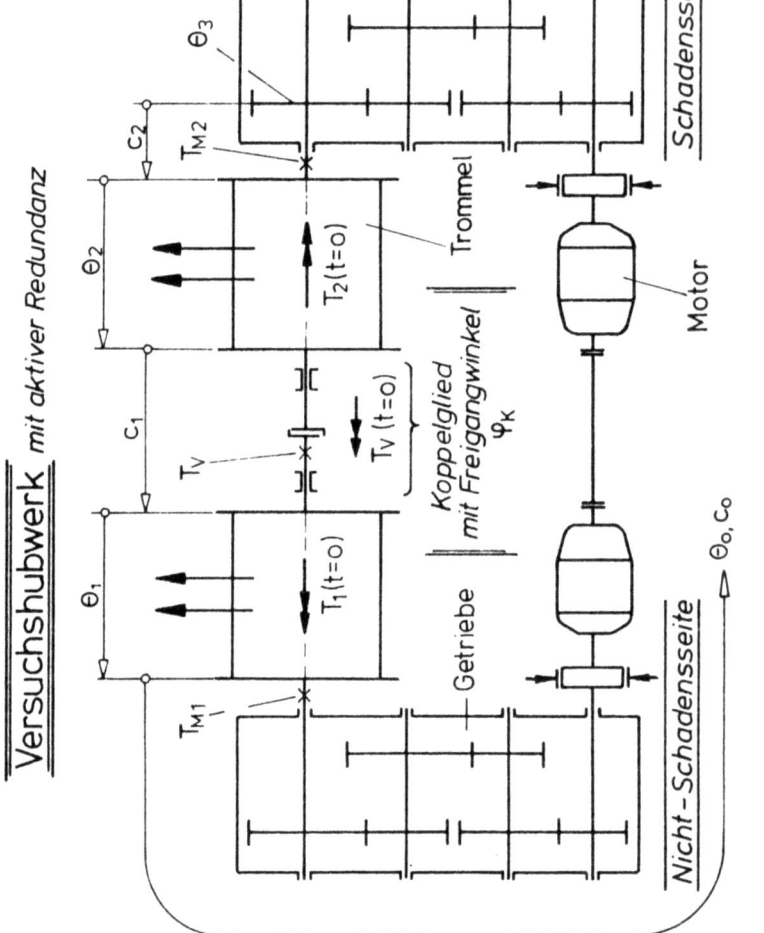

Bild 19

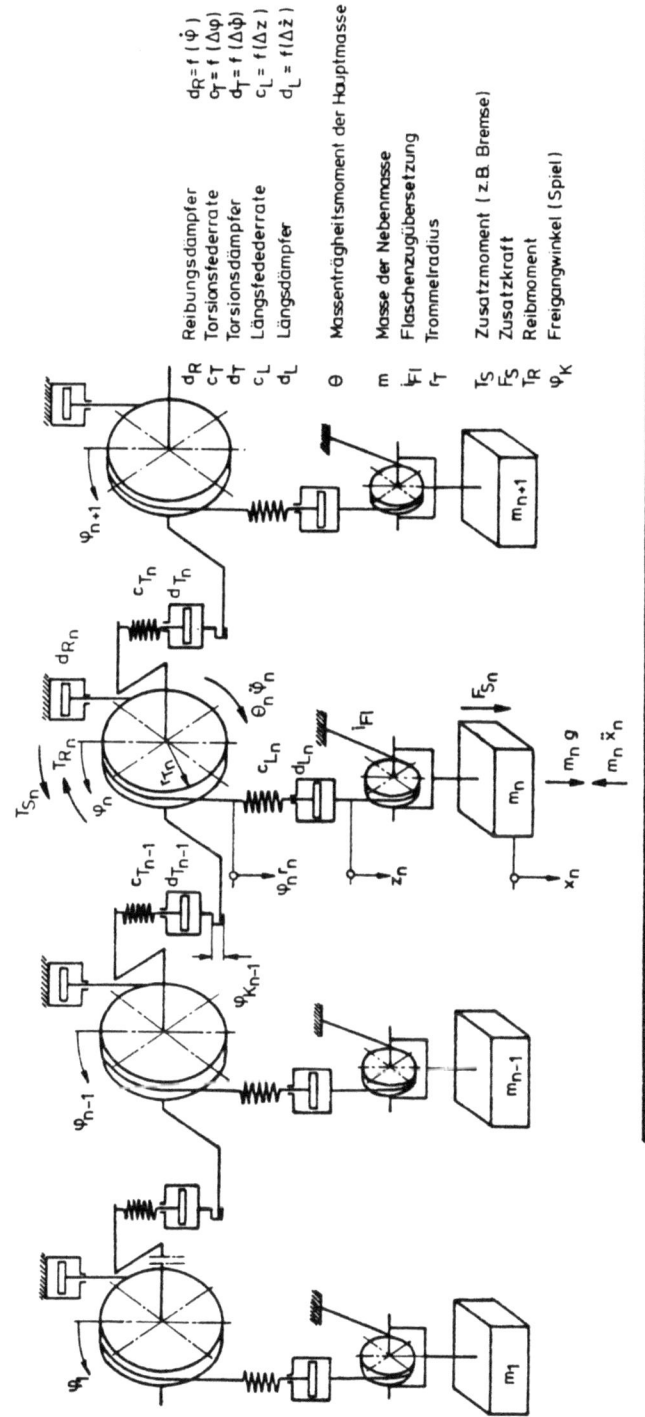

Bild 20

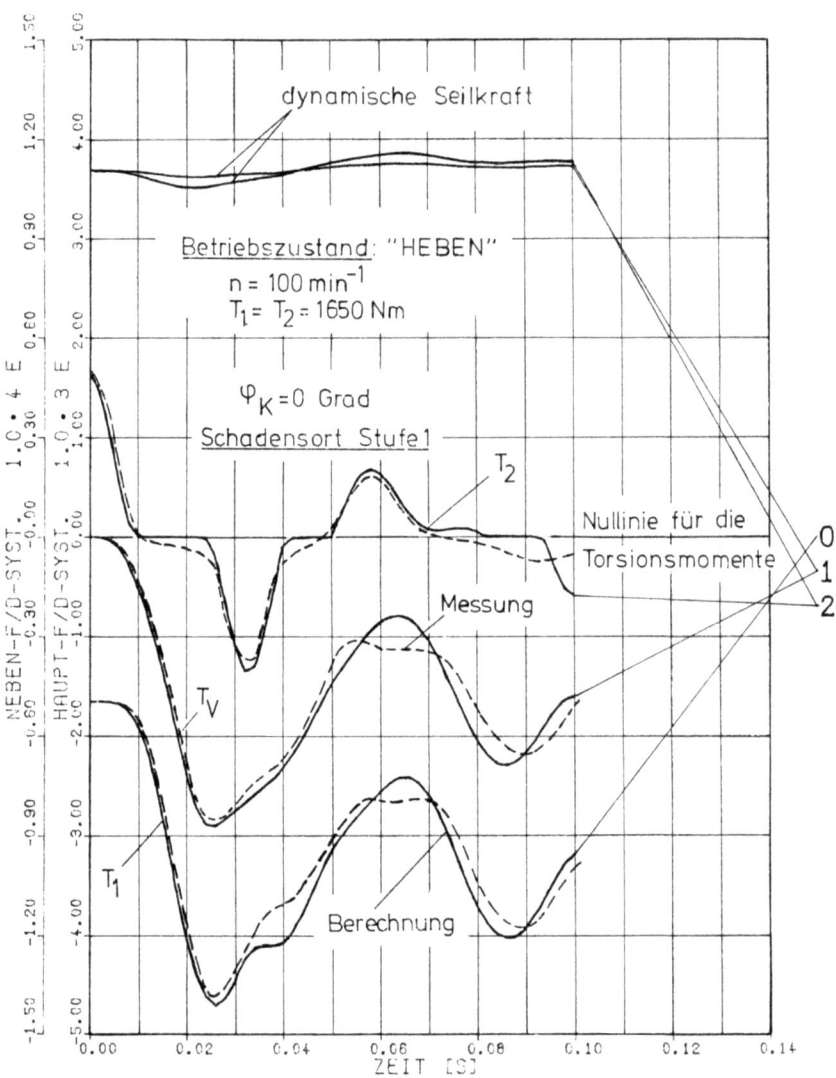

Bild 21

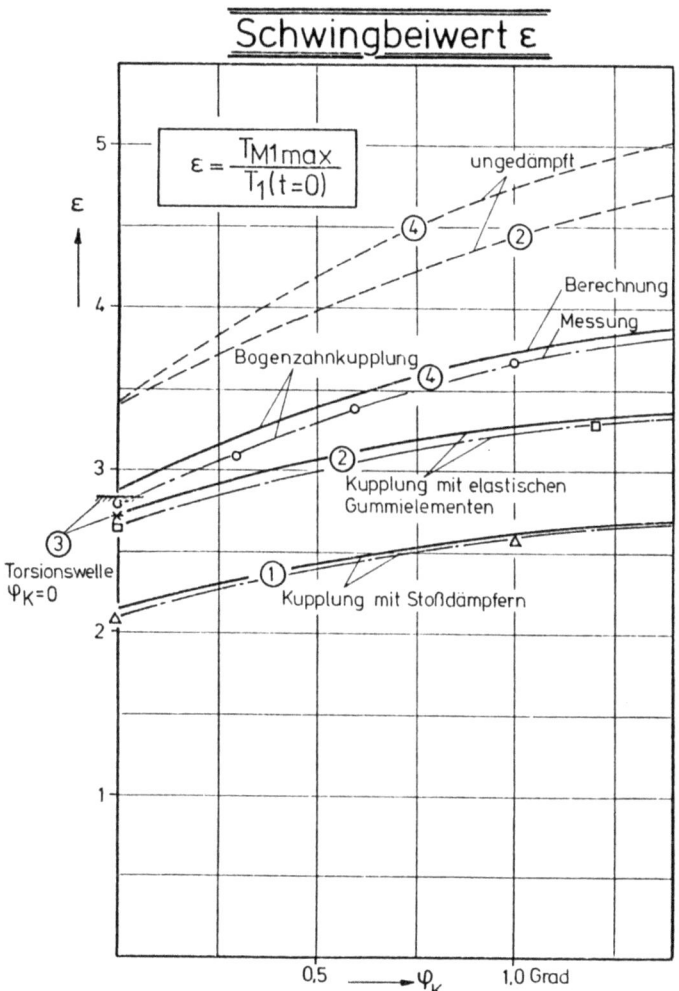

Schwingbeiwert ε in Abhängigkeit vom Freigangwinkel φ_K der Kupplung

Bild 22

- 48 -

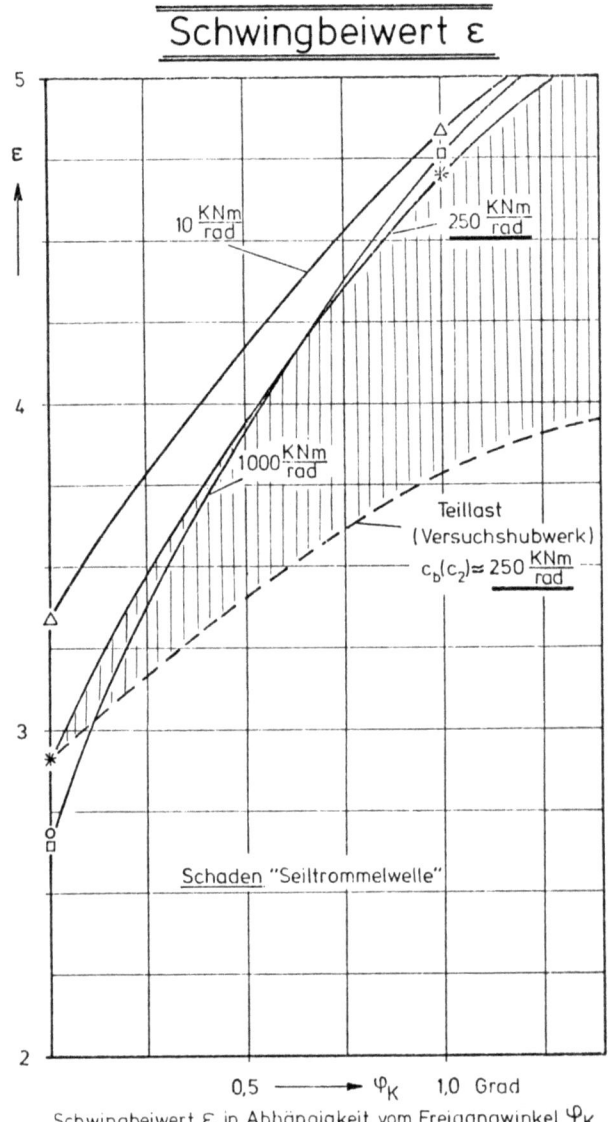

Schwingbeiwert ε in Abhängigkeit vom Freigangwinkel φ_K der Kupplung

Bild 23

- 49 -

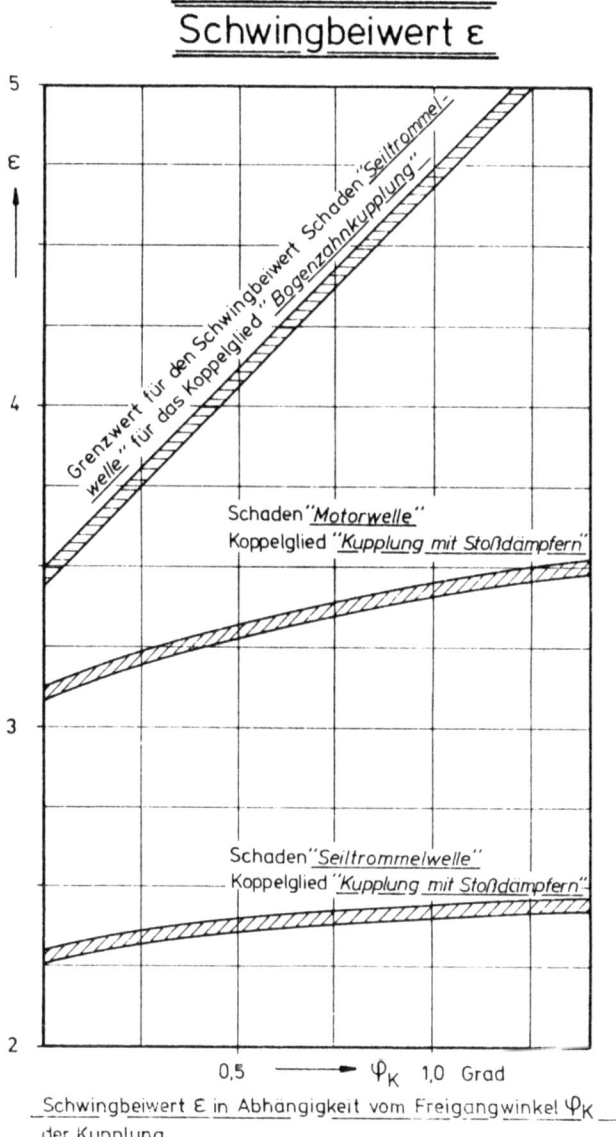

Schwingbeiwert ε in Abhängigkeit vom Freigangwinkel φ_K der Kupplung

Bild 24

Gießkranhubwerk für 360t Nennlast

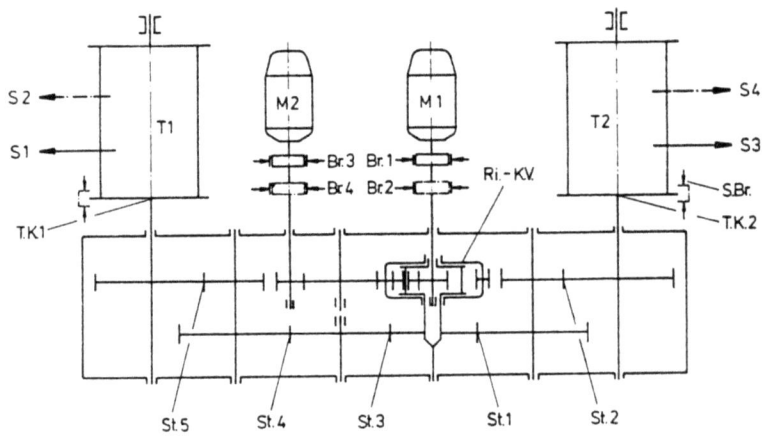

Funktionsbild

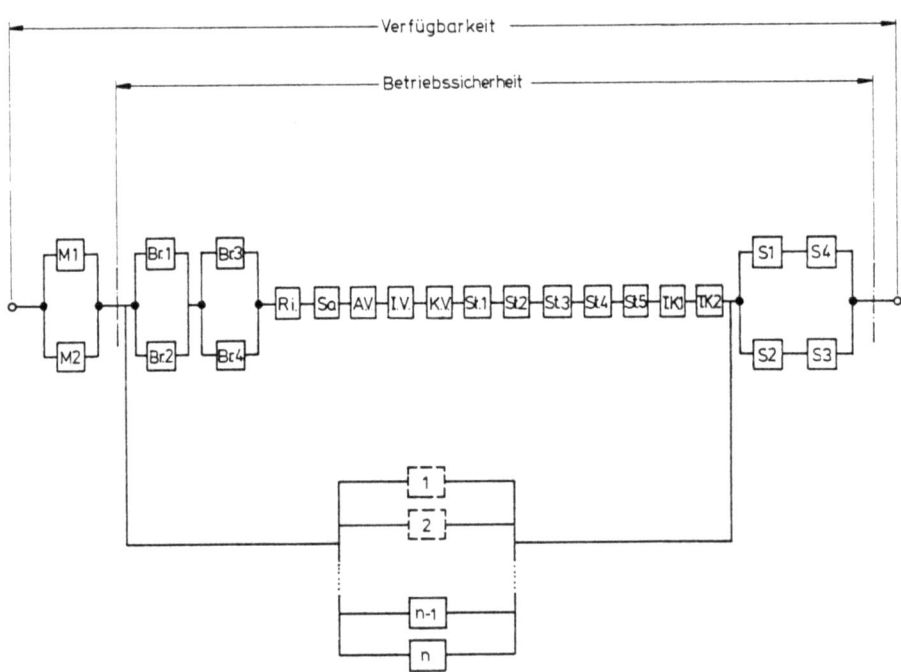

"Funktions"- Blockschaltbild mit partiell redundanten Sicherheitsbremsen

Bild 25

SONDERHUBWERK

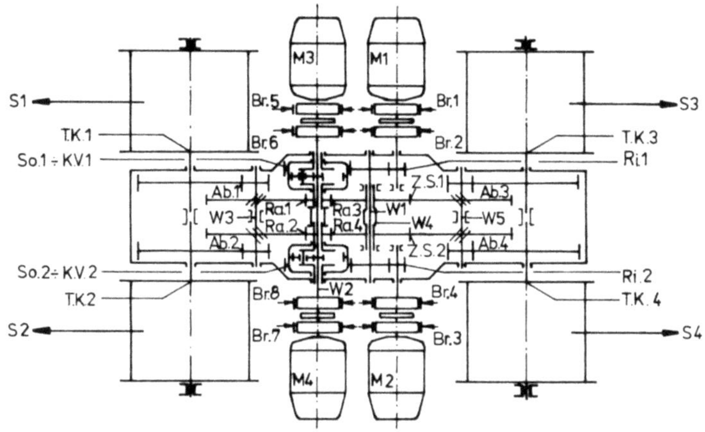

Funktionsbild

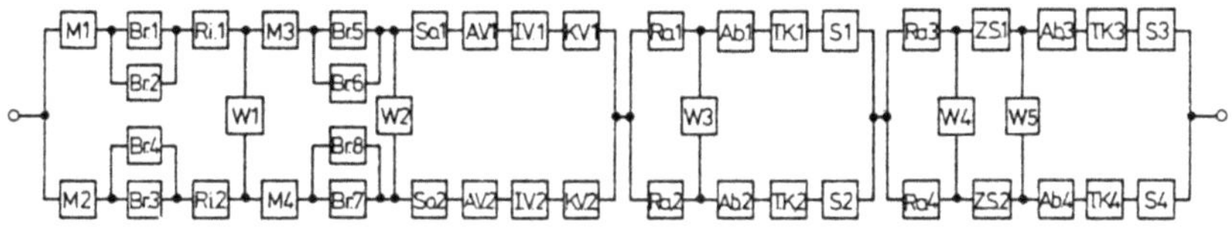

"Funktions" - Blockschaltbild

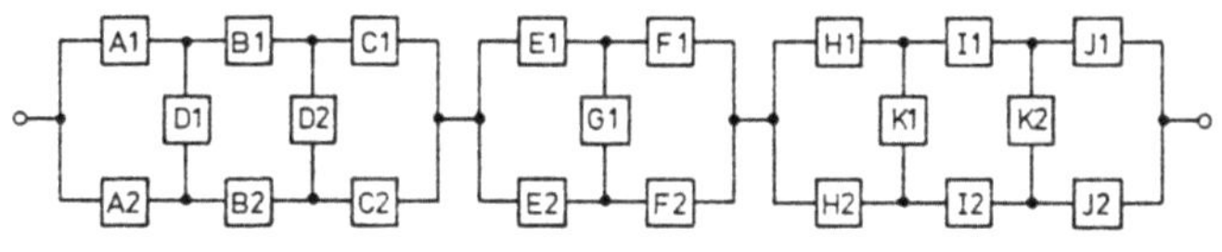

Vereinfachtes "Funktions"- Blockschaltbild

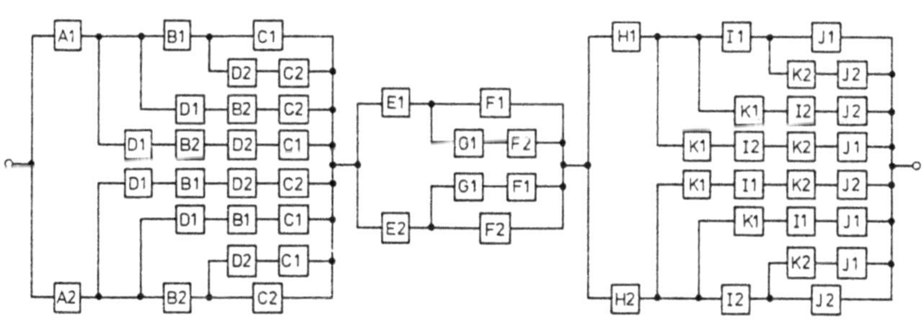

Vereinfachtes "Zuverlässigkeits"- Blockschaltbild

⇩

Logische Form

$$W_{Ges} = W\,\{\{[A1\cap[B1\cap(C1\cup D2\cap C2)]\cup[D1\cap B2\cap C2]\cup[D1\cap B2\cap D2\cap C1]]\cup[A2\cap[B2\cap(C2\cup D2\cap C1)]\cup[D1\cap B1\cap C1]\cup[D1\cap B1\cap D2\cap C2]]\}\cap$$
$$\cap\{[E1\cap(F1\cup G1\cap F2)]\cup[E2\cap(F2\cup G1\cap F1)]\}\cap$$
$$\cap\{[H1\cap[I1\cap(J1\cup K2\cap J2)]\cup[K1\cap I2\cap J2]\cup[K1\cap I2\cap K2\cap J1]]\cup[H2\cap[I2\cap(J2\cup K2\cap J1)]\cup[K1\cap I1\cap J1]\cup[K1\cap I1\cap K2\cap J2]]\}\}$$

⇩

Multilinearform

$R_{Ges} = A1B1C1 + B2C1D1A2 - A1B1C1D1A2 + A1C1D1D2B2 - A1B1C1D1D2B2 + C1D2A2B2 - \ldots\ldots\ldots$

Bild 26

If you have any concerns about our products,
you can contact us on
ProductSafety@springernature.com

In case Publisher is established outside the EU,
the EU authorized representative is:
**Springer Nature Customer Service Center GmbH
Europaplatz 3, 69115 Heidelberg, Germany**

Printed by Libri Plureos GmbH
in Hamburg, Germany